本书由中南财经政法大学出版基金资助

旧城改造与城市社会空间重构

——以武汉市为例

田艳平　著

图书在版编目(CIP)数据

旧城改造与城市社会空间重构:以武汉市为例/田艳平著. —北京:北京大学出版社,2009.3

(中南财经政法大学青年学术文库)

ISBN 978-7-301-14987-4

Ⅰ.旧… Ⅱ.田… Ⅲ.①城市社会学-研究-武汉市 ②城市规划-研究-武汉市 Ⅳ.C912.81 TU984.263.1

中国版本图书馆 CIP 数据核字(2009)第 029293 号

书　　名:旧城改造与城市社会空间重构——以武汉市为例

著作责任者:田艳平　著

责 任 编 辑:张盈盈

标 准 书 号:ISBN 978-7-301-14987-4/D·2257

出 版 发 行:北京大学出版社

地　　址:北京市海淀区成府路 205 号　100871

网　　址:http://www.pup.cn　电子邮箱:ss@pup.pku.edu.cn

电　　话:邮购部 62752015　发行部 62750672　编辑部 62753121
出版部 62754962

印　刷　者:北京汇林印务有限公司

经　销　者:新华书店

650 毫米×980 毫米　16 开本　11 印张　190 千字

2009 年 3 月第 1 版　2009 年 3 月第 1 次印刷

印　　数:0001—4000 册

定　　价:19.00 元

中南财经政法大学青年学术文库

总　序

一个没有思想活动和缺乏学术氛围的大学校园，哪怕它在物质上再美丽、再现代，在精神上也是荒凉、冷清和贫瘠的。欧洲历史上最早的大学就是源于学术。大学与学术的关联不仅体现在字面上，更重要的是，思想与学术，可谓大学的生命力与活力之源。

我校是一所学术气氛浓郁的财经政法高等学府。范文澜、嵇文甫、潘梓年、马哲民等一代学术宗师播撒的学术火种，五十多年来一代代薪尽火传。因此，在世纪之交，在合并组建新校从而揭开学校发展新的历史篇章的时候，学校确立了“学术兴校，科研强校”的发展战略。这不仅是对学校五十多年学术文化与学术传统的历史性传承，而且是谱写21世纪学校发展新篇章的战略性手笔。

“学术兴校，科研强校”的“兴”与“强”，是奋斗目标，更是奋斗过程。我们是目的论与过程论的统一论者。我们将对宏伟目标的追求过程寓于脚踏实地的奋斗过程之中。由学校资助出版《中南财经政法大学青年学术文库》，就是我们采取的具体举措之一。

本文库的指导思想或学术旨趣，首先在于推出学术精品。通过资助出版学术精品，形成精品学术成果的园地，培育精品意识和精品氛围，提高学术成果的质量和水平，为繁荣国家财经、政法、管理以及人文科学研究，解决党和国家面临的重大经济、社会问题，作出我校应有的贡献。其次，培养学术队伍，特别是通过对一批处在“成长期”的中青年学术骨干的成果予以资助出版，促进学术梯队的建设，提高学术队伍的实力与水平。最后,培育学术特色。通过资助在学术思想、学术方法以及学术见解等方面有独到和创新之处的成果,培育科研特色,力争通过努力,形成有我校特色的学术流派与学术思想体系。因此,本文库重点面向中青年,重点面向精品,重点面向原创性学术专著。

春华秋实。让我们共同来精心耕种文库这块学术园地,让学术果实挂满枝头,让思想之花满园飘香。

2007 年 12 月 10 日

Preface

In absence of intellectual activities and a academic atmosphere, a university campus would be spiritually desolate and barren no matter how physically beautiful or modern it is. In fact, the earliest European universities in the history were originated from academic learning. The relationship between a university and academic learning is not only represented literally. What is more important, however, the ideas and academic learning are real sources of energy and vitality for all universities.

Zhongnan University of Economics and Law is a higher education institution which has a rich academic atmosphere. Having the academic seeds planted by such great masters likes Fan Wenlan, Ji Wenfu, Pan Zinian and Ma Zhemin, for more than fifty years generations of scholars and students in this university have been sharing the fruits and making their own contributions to it. Therefore, in the turning point of this century when a new historic page was turned over with the merging of Zhongnan University of Finance and Economics and Zhongnan University of Politics and Law, the newly established university had set its developing strategy as "Prosper with academic learning, be strong with scientific research", which is not only a historical inheritance of more than fifty years of academic culture and tradition, but also a strategic decision which is to lift our university onto a higher developing stage in the 21st century.

Making the university prosperous and strong is the ultimate goal as well as the struggling process. We believe that the goal and process are integrated.

We tend to combine the pursuing process of our magnificent goal with the practical struggling process. The *Youth Academic Library of Zhongnan University of Economics and Law*, which is published with university funding, is one of our specific measures.

The guideline or academic theme of this *Library* lies, firstly, in promoting the publishing of selected academic works. By funding the *Library*, we aim to have our own academic garden with high-quality academic fruits, form the awareness and atmosphere of quintessence and improve the quality and standard of our academic products, so as to make our own contributions in developing such fields likes finance and economics, politics and law, as well as humanity science, and working out solutions for major economic and social problems facing our country and the Communist Party of China. Secondly, our aim is to form a academic team—especially through funding the publishing of works of the middle-aged and young academic elites—to boost the construction of the academic echelon and enhance the strength and level of our academic team. Thirdly, we aim at establishing academic characteristics of our university. By funding those academic contributions which have some original or innovative points in their ideas, methods and views, we expect to foster our own characteristics in scientific research. Our final goal is to form an academic school and establish an academic idea system of our university through our efforts. Therefore, this *Library* places great emphasis particularly on the middle-aged and young fellows, selected works and original academic monographs.

Sowing seeds in the spring will lead to a prospective harvest in the autumn. Let us get together to cultivate this academic garden and make it be opulent with academic fruits and intellectual flowers.

Wu Handong
December 10, 2007

摘　要

城市的发展一般有两种形式:一是新区开发;二是旧城改造。国外城市发展过程中出现的严重的社会分化、贫困、中心城区空心化等问题,是其进行旧城改造的主要原因,也是一个重要的社会经济研究课题。而在我国新的发展时期,旧城改造的内在成因则有着相当不同的背景与机制,其对社会结构与城市空间形态产生的影响非常深远。由于改革还处在进一步深化的过程之中,市场机制发育还不完善,城市发展机制和社会意识还存在明显的缺陷和不足,城市政府的管理行为、企业的经营行为和城市居民(家庭)的自主选择行为等相互作用产生了一系列的社会问题,使得我国城市内部结构经历了巨大变化,城市居民的居住、收入和职业分化加剧,出现了社会极化和社会空间分异的特点,引起国内外学术界的高度重视。作为目前我国城市建设的一个重要方面,旧城改造无疑对城市社会空间分异产生了重大影响。然而,从目前国内对旧城改造的研究来看,对于如何有效地实施旧城改造的关注较多,而对旧城改造所产生的社会经济影响的关注较少。因此,本书的研究目标是:转型期我国城市的旧城改造如何对城市社会空间结构产生影响,并进而导致城市社会空间的分异。

本书首先以相关的理论研究为前提,解释转型期我国城市旧城改造对城市社会空间结构影响的一般特点,然后具体以武汉市作为个案的实证研究对象进行理论验证。所以,本书的研究内容主要体现在两个方面:一是理论上的研究,在研究综述的基础上,从城市管治的视角出发,结合城市社会空间分异理论、社会分层理论,就转型期我国城市旧城改造中不同利益主体对城市社会空间结构的影响展开理论分析,对转型期我国城市旧城改造的发生、运行机制及其对社会空间分异的影响进行深入研究,探索城市社会分层、社会空间分异产生的深层原因，剖析我国城市建设与发展中存在的问题，并提出相应的理论假设。二是通过实证研究对理论假设进行验证。(1) 以武汉市为例，运用人口普查资料，研究转型期市内迁移的规模及其发生的主要原因、市内迁移人口在城市内部的主要流向，并结合旧城改造造成的城市工业搬迁、产业调整，分析城市不同圈层产业结构、行业结构的变化以及就业率等的变化情况，验证旧城改造对城市人口空间结构变化的影响，说明旧城改造是城市社会空间结构发生变化的主要诱因之一；(2) 以不同群体的住房产权及居住质量为基础，研究城市社会阶层结构，验证旧城改造中不同利益主体的作用不同、获得的利益不同是城市社会阶层分化、分层结构明显的主要原因之一；(3) 通过对不同群体在城市内的空间分布进行实证研究，验证旧城改造导致转型期城市空间重构的结果是城市社会空间的分异。

研究的主要结论包括：(1) 旧城改造的实质是，它不仅改变了城市的物质结构，而且也改变了城市的社会结构。旧城改造对城市社会经济的各方面都产生了深远的影响，它不仅仅是一种城市物质形态结构的变化，更是一种社会结构的变迁；它不仅造成城市物质空间结构的变化，而且也导致相应的社会经济关系的调整。(2) 旧城改造是转型期我国城市社会空间重构的主要原因之一。城市的旧城改造使老城区面貌得到很大的改观，同时也提高了城市居民的居住条件。大规模旧城改造使得城市人口因“拆迁搬家”的原因市内迁移频繁，而其流向主要是老城区以外的新城区和城郊接合区。而且随着企业的郊迁，新兴社会服务业的兴起，城市不同圈层产业结构发生了变化。由于城市产业结构直接决定了城市的经济功能，产业结构的变化必然导致就业结构的变化，就业结构的变化又主要表现为居民就业行业和职业结构的变化。因此，城市居民就业结构、就业率在不同圈层存在较大差异。居民就业状况的差异，又必将导致居民收入的差异，不同家庭之间的收入差距呈现扩大的趋势。因此，转型期我国城市大规模的旧城改造使得城市原有计划经济体制下所形成的传统的城市社会空间发生解构，造成了城市社会空间的重构。(3) 旧城改造中不同利益主体对城市社会空间结构的影响不同。在转型期市场机制不完善的情况下，不同利益主体在市场中所处的地位不同：政府与企业因其“强势的权力与资本”而处于主导地位，城市居民则因“弱势的民权”而处于弱势地位，由此决定了在旧城改造过程中，他们对城市社会空间重构起着不同的作用。(4) 旧城改造中不同利益主体获得的利益不同，转型期城市社会分层结构明显。基于复杂的利益关系、传统观念和经济关系等原因，旧城改造是一个多方利益相互争夺、妥协，最终达到相对平衡的复杂过程。在我国城市旧城改造过程中，存在着政府、房地产商和居民三方复杂的博弈局面。由于他们在旧城改造中所起的作用不同，导致了旧城改造利益分配的差异。仅从住房状况来看，不同阶层的住房状况存在明显差异。住房状况的差异反映的是城市不同群体的收入、社会地位等的差距。旧城改造的主要受益者是管理精英与企业精英阶层：作为管理精英，他们在拥有权力的同时也具有经济优势；企业精英则具有较强的经济实力，其经济优势甚至超越了管理阶层。专业精英越来越受到重视，其社会地位逐渐提高，因此转型期的城市社会分层结构明显。(5) 转型期城市社会空间重构的结果是城市社会空间分异。就武汉市的情况而言，无论从宏观层面还是从微观层面看，不同人口在城市空间分布上都存在一定程度的差异。从宏观层面看，老城区形成了高收入人群与低收入人口的聚集区，新城区为一般阶层与专业人员聚集区，城郊接合区聚集了一些高收入人群以及为他们提供生活服务的服务业人员，而远城区则主要是农业人口聚集区。从职业分布状况看，老城区与新城区主要集中了大量购销人员，农业生产人员则集中在远城区；行政办公人员集中在老城区街道，其他职业人口也在不同圈层呈现不同分布特点。传统的没有显著差异的城市空间结构被差异性逐渐突出的新的城市空间所取代。可见，转型期城市社会空间重构的结果是城市社会空间的分异。

本书的研究与以往相关研究不同。首先，关于对旧城改造的研究，以前一般是按照“城市社会经济发展存在问题——这些问题如何通过有效的旧城改造加以解决”这样的思路来进行的，而本书则从“旧城改造对城市社会经济会产生什么样的深刻影响”这样的思路来进行研究。其次，转型期我国城市社会空间分异无疑受到很多因素的影响，本书从旧城改造的角度研究转型期城市社会空间分异，从理论上分析城市旧城改造中不同利益主体的作用，并从实证上进行研究验证，对转型期我国城市旧城改造的发生、运行机制及其对社会空间结构的影响进行深入研究，探索城市社会分层、社会空间分异产生的深层原因。再次，本书从城市管治的视角出发，结合城市社会空间分异理论、社会分层理论，就转型期我国城市旧城改造中不同利益主体对城市社会空间分异的作用展开分析，深入剖析转型期我国城市旧城改造中存在的主要问题及其原因；与以往的研究方法不同，本书对城市社会分层的研究，不是从收入与职业的层面展开，而是从住房状况的角度进行；对城市社会阶层的划分并不仅仅以职业为标准，而是结合不同职业在不同行业的分布情况来划分；此外，本书还运用了国外比较成熟而国内较少采用的研究方法,如因子生态分析法、GIS方法等对城市社会空间结构进行实证研究。最后,从国内以前对城市空间结构的研究对象来看,主要集中在北京、上海、广州、南京、杭州等少数几个城市,没有在国内城市中普遍开展,因此参与城市空间结构研究的实证城市较少,取得的相关理论代表性不够。本书实证研究的对象以我国中部最为重要的中心城市之一——武汉市为例,对我国城市内部空间结构研究的实证对象进行充实,为转型期我国城市空间结构的一般性理论的完善作出贡献。

本书研究的理论方法还广泛采用了城市和区域经济学、城市社会地理学及社会学等研究方法。本书的研究对于充实与完善我国城市社会空间结构研究理论,为城市规划与管理决策提供借鉴,以更好地促进城市的发展,具有一定的理论与现实意义。

Abstract

Chinese cities have experienced two dramatic transformations since 1949. Between 1949 and 1978, cities experienced the first major transition. The semi-fedual and semi-colonial cities were transformed into socialist industrial bases. Centralised economic planning and strict population movement control maintained a relatively low level of urbanization. Since 1978 Chinese cities have witnessed another major transformation. Under the banners of an open-door policy and economic reform, cities have moved gradually away from the socialist planned industrial bases to liberal market places and focal points for mass consumption. New changes included the move to a more heterogeneous population, rural to urban migration, spatial reorganization, largesacle new housing development, globalization, suburbanization, and changes in the spatial administrative system of cities. A large proportion of urban residents, in particular, have enjoyed a life which had never been experienced before in the country.

In spite of the achievements, however, the change from a planned economy to a market economy in China has not been a smooth and problem free process. The reforms have encountered many difficulties in recent years and new economic and social problems have begun to emerge. Economic and social changes have been accompanied by spatial and residential re-organization. Although distinctive functional zones such as administrative areas, industrial areas, and commercial and housing areas were planned, the pre-reform cities were not divided into different residengtial areas according to income levels. After over 20 years of reform a different social and economic structure has emerged. Urban reform has resulted in the widening gap among different groups. Communities or neighbourhoods of similar income or status have become a key feature. Residential patterns based on socio-economic class have formed. Social stratification or polarization and sociospatial segmentation have emerged recently as major problems in Chinese cities. Chinese cities become increasingly divided in both social and economic terms nowadays.

Generally speaking, there are two different kinds of ways for urban development. One is through new area exploiting. The other is through urban renewing. Urban renewal plays a key role in the development of Chinese cities and undoubtedly it has great impacts on the socio-spatial structure of cities. This book takes Wuhan, one of the largest cities in central China, as an example to examine the mechanism of urban renewal in transitional era. The title of the book is *Urban Renewal and Socio-spatial Restructuring: Evidence from Wuhan City*. It mainly addresses questions such as how urban renewal in Chinese cities affects the socio-spatial structure and finally results in socio-spatial segmentation. Or in much more details it includes: How does Chinese urban renewal take place? What are the characteristics of Chinese urban renewal? What kinds of problems are there in Chinese urban renewal? How does it affect the social stratification and how does it result in socio-spatial segmentation? It, of course, will be difficult to provide comprehensive answers to all these questions. The aim of this book, however, is to highlight the profound influences of urban renewal and to make an important contribution to the general debate about socio-spatial segmentation in transitional economies. The book is arranged with 8 chapters.

Chapter 1 introduces the backgrounds and raises the research questions and aims of this book. It also discusses the definitions of some specific terms and dispicts the conceptual framework, methodlogy and main contents.

Chapter 2 reviews and comments the literatures on urban renewal. It found that the former researches on urban renewal paid much attention to how to practice urban renewal while ignored the social and economic influences of urban renewal.

Chapter 3 introduces some fundamental theories of the research including urban socio-spatial theories, social stratification theories and urban governance theories.

Chapter 4 theoretically takes Chinese urban renewal into account. Urban renewal is one of the main reasons for urban socio-spatial restructuring. The book argues that the urban state, the enterprises and the civic society function quite differently during the process of urban socio-spatial restructuring. The state acts as the leading force. The enterprises could function only through cooperating with the state while the civic society could seldom take part in. Thus, from the governance's point of view, such process is far from perfect. The benefits and rights are distributed differently among different groups which explains the main reason why urban renewal results in the different social and economic status among different groups.

In Chapter 5, as far as Wuhan is concerned, urban renewal results in a great volume of intra-city migration due to Reconstructing and move which ranks the first among intra-city migrants, accounting for about one third of the total. Considering that a large part of Accompanying migration is actually because of Reconstructing and move, the total amount of migrants due to urban renewal accounts for more than half of the intra-city migration of the city. On the other hand, these migrants mainly moved into suburbs which make the population in suburbs grow fastest, while the old town and periphery have little growth. Accompanied by industries' moving out and adjusting of industrial structure, urban renewal affected the socio-spatial structure of the city to a great extent.

Further more in Chapter 6, based on data of the fifth census of Wuhan, the book testified how the benefits from urban renewal were distributed through examining housing conditions of different groups. It found that the groups who had benefited most tented to be the core insiders of the state system and those with strong links with the government. Those without such good links had only gained a relatively small amount beacuse new housing was too expensive for many urban residents, particularly those who had no association with formal state sectors and who were at the lower end of the employment hierarchy.

In Chapter 7, methods of Factor Analysis and Cluster Analysis are used to analyze the social spatial structure of Wuhan Metropolitan Area in 2000. There are five types of social areas in Wuhan, including clerk inhabiting areas, temporary population areas, retiree inhabiting areas, rapid population increasing areas and agricultural areas. It shows that the outcome of urban socio-spatial restructuring is socio-spatial segmentation.

At last in Chapter 8, conclusions are summarized. The conclusions include: urban renewal changed not only the material but also the social structure of the city; urban renewal is one of the main reasons for urban socio-spatial restructuring; different groups function differently in the process of urban socio-spatial restructuring; different groups benefit differently and social stratification is obvious in transitional era; and the outcome of urban socio-spatial restructuring is socio-spatial segmentation. It suggests that urban renewal result in new socio-spatial segmentation in Chinese cities and governance be taken into account in Chinese urban renewal.

目　录

第一章 绪 论

早在1996年，联合国伊斯坦布尔会议就提出，21世纪将是城市的世纪，城市作为一个国家或地区的经济、政治、科学、信息、教育和文化生活中心，是各种要素聚集和优化配置的最佳场所，在经济社会发展中的地位越来越重要。当前，我国正处在经济和社会转型的重要时期，伴随着经济体制的市场化转轨和社会结构的工业化转型，我国社会、经济和城市发展都发生了巨大变化。我国转型期的城市变化引起了国内外学者们的高度重视，同时也为关注我国城市发展的学者们提供了一个鲜活的研究领域。由于受到资源环境、社会经济和国际政治经济环境等多方面因素的影响，我国城市发展过程中所面临矛盾的复杂程度、城市发展任务的艰巨性，是任何西方发达国家都未曾经历的。因此，如何调整城市发展思路、建设模式、经营方式、管理理念，创建适合自身特点的城市发展模式和行之有效的运行机制，成为我国城市建设与发展面临的重要议题。

城市发展一般有两种形式：一是新区开发；二是旧城改造。城市发展既包括新区开发也包括旧城改造，新区开发范围是有限的，而旧城改造更新的内容却是无限的。即使今天的新城，也必然在未来面临更新改造的问题。从这个意义上看，城市发展的过程就是一个不断更新、改造的新陈代谢过程。从城市诞生起，城市更新就作为城市自我调节机制存在于城市发展之中。由于我国日益紧张的土地资源问题，城市空间形态的发展将由水平拓展的平面形态为主向以调整、配置、组合再开发为主的立体形态转变。[①] 张庭伟教授通过总结对我国城市空间结构的研究指出，20世

① 阳建强、吴明伟编著：《现代城市更新》，东南大学出版社1999年版，第1页。

纪90年代我国城市空间结构的变化表现为城市建成区向外扩展以及与此同时发生的城市内部空间的重新组合，城市建设走的是以旧城改造为依托，旧城改造与新区开发并举的路子。[①] 因此，可以说旧城改造是我国城市发展不可缺少的环节，是我国目前城市建设的首要任务。[②]

改革开放以后，我国经历了由建国初期高度集中的计划经济向社会主义市场经济体制的转变，城市发展的主导力量也经历了由计划经济体制下的政府主导为主向市场经济体制下的市场机制为主的转变，城市建设速度大大加快，城市更新改造以空前的规模和速度展开，进入了一个新的历史阶段。尤其是近十几年来，随着城市土地利用制度、住房制度的市场化改革，产业结构的调整，房地产业、新兴社会服务业的发展以及投资主体的多元化等，使得我国旧城改造在市场机制的作用下获得新的动力和契机，从而推动了旧城改造的发展。然而，由于旧城改造涉及人口疏散、设施更新、环境改善、建筑形体空间再创造等问题，决定了它是一项复杂的系统工程，是一项长期而艰巨的任务。同时，由于改革还处在进一步深化的过程之中，市场机制发育还不完善，城市发展机制和社会意识还存在明显的缺陷和不足，城市政府的政策、企业的经营行为和城市居民（家庭）的自主选择行为等相互作用产生了一系列的社会问题，使得我国城市内部结构经历了巨大变化，产生了诸如城市住房紧张、环境恶化、失业增加和社会隔离等社会问题。城市居民的居住、收入和职业分化加剧，出现了社会极化和空间分异的特点[③]，引起国内外学术界的高度重视。城市社会空间分异已成为当代我国城市转型的主要特征。新的社会结构分层和城市空间调整相结合，正塑造着我国21世纪的城市未来。[④]

旧城改造作为我国城市建设中的一个重要方面，无疑会对城市社会空间分异产生重大影响。那么，转型期我国城市旧城改造到底如何对城市社会空间结构产生影响，并进而导致城市社会空间的分异？这便是本书所关注的重点。

---

① 张庭伟：《1990年代中国城市空间结构的变化及其动力机制》，《城市规划》2001年第25卷第7期，第7页。

② 袁家冬：《对我国旧城改造的若干思考》，《经济地理》1998年第3期，第25页。

③ 冯健：《转型期中国城市内部空间重构》，科学出版社2004年版，第1页。

④ 李志刚、吴缚龙、刘玉亭：《城市社会空间分异：倡导还是控制》，《城市规划汇刊》2004年第6期，第48页。

第一节 旧城改造与城市社会空间结构研究的相关概念

一、旧城改造

旧城改造,用英语直译为“Old City Renewal”①。根据张平宇的研究,20世纪50年代以来,西方类似的概念发生了五次明显的变化:50年代的概念是“城市重建”(urban reconstruction),60年代的概念是“城市振兴”(urban revitalization),70年代的概念是“城市更新”(urban renewal),80年代的概念是“城市再开发”(urban redevelopment),90年代的概念是“城市再生”(urban regeneration)。每一概念都包含丰富的内涵和时代特征,并具有连续性。② 在我国与之相类似的术语还有:城市改造、旧区更新、城市复兴、旧城整治、旧区改建等等。

在我国《城市规划法》中,“旧区改建”指的是对城市中的陈旧、衰退的地区进行改造,以便根本改善劳动、生活服务和休息的条件,达到满足社会、政治、经济及人民精神生活需要的目的。于涛方等认为,城市更新不仅局限于危旧房改造、基础设施完善或旧区改建,还应该包括城市结构的更新、功能体系的重构等多方面的内容。③

吴良镛院士提出旧城更新包括三个含义:(1) 改造、再开发或改建(redevelopment);(2) 整治(rehabilitation);(3) 保护(conservation)。改造、再开发或改建指比较完整地剔除现有环境中的某些方面,开拓空间,增加新内容以提高环境质量。整治是指对现有环境进行合理的调节利用,一般只做局部的调整或小的改动。保护则指保持现有的格局和形式并加以维护,一般不允许进行改动。对于旧城历史地段,就要进行“保护”;有价值的历史文化名城,如果可保护良好的格局并合理地加以调节利用,则以“整治”为宜,对于质量低劣者可根据其不同规模进行“再开

---

① 叶东疆:《对中国旧城更新中社会公平问题的研究》,浙江大学硕士学位论文,2003年,第7页。

② 张平宇:《城市再生:21世纪中国城市化趋势》,《地理科学进展》2004年第23卷第4期,第72页。

③ 于涛方、彭震、方澜:《从城市地理学角度论国外城市更新历程》,《人文地理》2001年第16卷第3期,第41—42页。

发”。旧城更新应根据各城市的本身特点,根据旧城实际情况各有侧重,可以审慎地进行,因此,西方称之为“审慎的更新”(careful renewal)。①

1958年8月,在荷兰海牙召开的第一届关于旧城改造问题的国际研讨会对旧城改造的概念做了比较完整的概括。会上指出,旧城改造是根据城市发展的需要,在城市老化地区实施的有计划的城市改造建设,包括再开发、修复、保护三个方面的内容。②

本书对于“旧城改造”的概念沿用这一概括。概念中的“旧城”,指城市建成区中某些房屋年久失修、市政设施落后、居住质量较差的地区。但对旧城“旧”的认识并不局限于建筑年代久远、建筑外观破旧。“旧”主要是指其整体功能不能满足社会政治、经济的发展和人民生活的需要,因而需要通过旧城改造,对其物质环境进行科学的完善、更新,调整原有用地结构模式,规划人口分布,以提高城市整体功能。周一星教授认为,城市土地使用制度改革、城市道路的大量修建以及住房制度改革和城区的危旧房改建是旧城改造的三个主要方面。③ 在当前条件下,对旧城物质环境的改造主要是指政府的土地利用规划以及房地产开发行为,当然也包括城市道路的拓宽与修建等市政基础设施建设。旧城改造的根本意义在于城市功能的更新。虽然从理论上看,关于旧城改造的不同概念表述具有不同的时代内涵(如张平宇等人的研究),但是在实际应用中,由于本书对旧城改造问题的关注,主要是从我国城市旧城改造的实践来看旧城改造如何造成城市社会空间结构的变化,而对于旧城改造、旧城更新、城市更新、城市改造、旧区更新、旧城整治、旧区改建等这些基本概念所涉及的具体内涵,本书认为它们说明的都是如何通过城市旧城改造的途径来解决城市发展问题,因此,对这些概念不作严格区分,对应的英文翻译均使用“Urban Renewal”。

二、城市社会空间结构

城市空间结构(Urban Spatial Structure)是指城市各功能区的空间位

---

① 赵红梅:《城市更新中的旧居住区改造模式研究——以长春为例》,东北师范大学硕士学位论文,2005年,第17页。

② 项光勤:《发达国家旧城改造的经验教训及其对中国城市改造的启示》,《学海》2005年第4期,第192页。

③ 周一星:《北京的郊区化及引发的思考》,《地理科学》1996年第16卷第3期,第203页。

置及其分布特征的组合关系,它是城市各功能组织在空间地域上的投影。[①] 从经济学的角度来看,城市空间结构分为城市内部空间结构和城市外部空间结构,前者是一个城市市区或建成区土地的功能分区结构,后者又可以分成两个方面,一是指城市行政关系范围内或者说城市本身的城镇体系组成的空间结构体系;二是指一个中心城市辐射区域内中心城市与其他城市共同构成的空间体系。如无特殊说明,本书所指的城市空间结构主要指城市内部空间结构。

城市地理学通常将城市空间分为物质空间、经济空间和社会空间来进行研究。城市社会空间结构(Urban Socio-spatial Structure)作为城市空间结构的一部分,一直是城市社会地理学研究的核心内容之一。然而,不同的学科乃至不同的学者对于城市社会空间结构的认识存在一定程度的差别。冯健博士从宏观和微观两个层次研究城市社会空间结构:宏观层次着眼于整个城市空间分异的角度,利用一些社会、经济指标及因子分析、聚类分析等相关技术综合研究城市空间结构的形成,并据此研究我国转型期的城市社会空间结构及其演化;微观层面则建立在个人、个别行动及其组合的统计分析基础上的人类空间活动,并对我国城市郊区化进程中的城市内部迁居及相关行为、城市居民空间感知和意象空间进行了实证研究。[②] 他还认为城市内部空间结构也可以看成是更广义的城市社会空间结构。[③] 刘玉亭博士认为城市社会空间有狭义和广义之分,狭义的社会空间指由特定社会群体居住的空间范围即居住空间;广义的社会空间不仅指居住空间,还包括特定社会群体日常活动所涉及的空间范围及其主观感知的空间,即日常活动空间(行为空间)和感知空间(意象空间)。[④] 易峥等则认为城市社会空间结构主要分析城市中的社会问题和空间行动,揭示城市中社会组织和社会运行的时空过程和时空特征。[⑤] 由于城市社会空间结构从根本上讲是由城市社会分化所形成,这种社会分化包括人们的社会地位、经济收入、生活方式、消费类型以及居住条件等方面的分化。[⑥] 因此,本书的城市社会空间结构主要涉及城市社会空

① 杨云彦:《区域经济学》,中国财政经济出版社2004年版,第191—192页。

② 冯健:《转型期中国城市内部空间重构》,科学出版社2004年版,第140页。

③ 同上书,第7页。

④ 刘玉亭:《转型期中国城市贫困的社会空间》,科学出版社2005年版,第85页。

⑤ 易峥、阎小培、周春山:《中国城市社会空间结构研究的回顾与展望》,《城市规划汇刊》2003年第1期,第21页。

⑥ 艾大宾、王力:《我国城市社会空间结构特征及其演变趋势》,《人文地理》2001年第16卷第2期,第8页。

间分异方面的问题，除了关注城市居民的居住空间差异及变化外，还包括城市居民就业职业、收入等方面的差异与变化以及更广泛意义上的城市人口多重分化，即社会分层。

三、社会分层

刘祖云教授认为，学术界目前对于社会分层(social stratification)有两种不同的理解：一是将社会分层作为一种客观过程来理解，即认为社会分层是指社会成员在社会生活中由于获取社会资源的能力和机会不同而呈现出高低有序的等级或层次的现象和过程；二是将社会分层作为一种主观方法来理解，即认为社会分层是根据一定的标准将社会成员划分为高低有序的等级或层次的方法。但实际上这两种对社会分层的不同理解并不矛盾，只不过前者决定后者，后者是对前者的反映。[①] 本书认为，社会分层的实质，是一个社会中不同的社会群体或社会地位不同的人占有那些有价值的社会资源如财富、住房、收入、就业机会等的差异[②]，这种差异主要是由于社会资源在社会中的分配不均所造成的。而在本书中社会分层研究的问题主要在于：在城市旧城改造、社会变迁的过程中，这种社会不平等的状况如何？有什么样的变化？这种变化的结果是什么？

四、管治与城市管治

管治(Governance)并不是一个新概念，它在政治学中已存在了较长的时间。不过，迄今为止对"管治"的理解仍众说纷纭，尚未有一个被普遍认可和接受的定义。比较常见的有四类：第一类认为管治是一种社会统治方式。具体而言，管治指由许多不具备明确的等级关系的个人和组织进行合作以解决冲突的工作方式，它灵活反映了非常多样化的规章制度甚至个人态度。第二类强调它的过程特征，如顾朝林将管治概括为"一种综合的全社会过程"，它以"协调"为手段，不以"支配"、"控制"为目的，它涉及广泛的政府与非政府组织间的参与和协调。第三类认为管治反映了一种社会关系。如"全球管治委员会"(Commission on Global Gov-

① 刘祖云：《社会转型与社会分层——20世纪末中国社会的阶层分化》，《华中师范大学学报(人文社会科学版)》1999年第38卷第4期，第1页。

② 李路路：《再生产的延续：制度转型与城市社会分层结构》，中国人民大学出版社2003年版，第64页。

ernance)认为,管治是指多种公共的或私人的个人和机构管理其共同事务的诸多方式的总和。它既包括为保证人们服从的正式制度和体制,也包括人们同意或接受符合其利益的非正式安排。第四类则对于管治问题持有怀疑态度。如奥斯博恩、盖布勒认为管治只是一种修辞的需要而并无实际意义,充其量只是一种重新包装的较前为佳的政府管理形式。[①]本书根据张京祥等的分析,认为管治是一种在政府与市场之间进行权力和利益平衡再分配的制度性理念,也是人们追求最佳管理和控制的一种理念。[②] 这种理念不是集中的管理和控制,而是多元、分散、网络型以及多样性的管理。它具有如下基本特征:它是一种综合的社会过程,以协调为基础,涉及广泛的公私部门及多种利益单元,有赖于社会各组成成员间的持续相互作用。

同样,对于城市管治(Urban Governance)的概念也仍处于争论之中。勒加勒(Le Gales)从两个不同维度对城市管治进行了论述。一个维度是将城市作为一个整体,管治的目的是为了协调城市内部组织,包括政府、企业集团、社会个体的利益,建立合理的城市结构,使城市发挥最大的整体效益,其主要是通过城市规划来实现;另一个维度是将城市作为区域、国家或世界的一部分,要协调城市与外部的组织之间的利益,发挥管治的作用,与城市外部其他机构竞争资源。城市管治是在复杂的环境中,政府与其他组织和市民社会共同参与管理城市的方式,在此过程中,城市政府通过协调其内部、政府与市场、政府与政府、政府与跨国公司、政府与市民社会及其他组织之间的关系,以合力提升城市的综合竞争力。[③] 杨汝万认为,"城市管理"涉及较专业化和技术化的土地利用、屋宇设计和房屋供应等内容,而"城市管治"则触及比较敏感的政治关系,特别是政府与市民社会(civic society)的关系,后者可涵盖大众组织、社会运动、自愿团体和民间社团。[④] 在城市管治不断广义化和复杂化的趋势下,当中有利害关系者已增至至少七种,即中央政府、城市(地方)政府、市民社会、研究与培训所、私人企业、媒体和联合国或其他计划。它们之间存在千丝万

---

① 石楠、姚鑫:《中国城市管治研究回顾和展望》,载顾朝林、沈建法等编著:《城市管治——概念·理论·方法·实证》,东南大学出版社 2003 年版,第 10—11 页。

② 张京祥、庄林德:《管治及城市与区域管治:一种新制度性规划理念》,同上书,第 45、47 页。

③ 杨文:《转型期中国城市空间结构重构研究》,华东师范大学硕士学位论文,2005 年,第 13 页。

④ 杨汝万:《发展中国家的城市管治及其对中国的含义(上)》,《城市管理》2002 年第 5 期总第 65 期,第 4 页。

缕的联系，深刻地影响到城市发展的目标、价值观、权力和财政分配等，而其中核心的一环是中央政府与城市（地方）政府的分工与权力和财政下放的安排。陈振光等将城市管治的理解归纳为三类：第一种理解认为城市管治等于好政府。最常见于国际援助组织的文件。城市管治被认为是管理第三世界城市的关键。多数援助机构强行制定"好政府"的指标作为提供援助的先决条件。这些指标一般包括民主、负责任、透明度、人权等。第二种理解认为，城市管治是向市民社会主体和机构赋予权力的过程，较常见于迄今尚未开放的国家的民主化过程。第三种理解，采纳了更宽的视角，将城市管治的含义拓宽到覆盖政府与市民社会的关系这样的视角，将管治的研究与其他关于政府的研究区别开来。①

在国外，大都市政府普遍面临着政府失灵、市场失灵的困境，寻求政府和非政府组织与市场手段相结合的办法解决大都市问题已经成为各国大都市政府的共识。本书中的城市管治主要从城市内部组织即城市政府（政府力）、企业及企业集团（市场力）、社会群体及个体（社会力）的维度来考察城市内部的社会空间结构及其变化，关注焦点是各个利益集团的权力与责任，以及它们之间的社会经济关系。

第二节　研究旧城改造与城市社会空间结构的意义及框架

我国城市社会正处于特殊的转型时期，城市中物质空间与社会空间的分化不断加剧，旧的空间秩序在破裂，新的空间秩序在形成。这一过程的特征、结构、背景、机制、问题、对策等为我们提供了丰富的研究素材。城市社会空间结构从根本上讲是由城市社会分化所形成的，这种社会分化是在工业化和现代化的大背景下产生的，包括人们的社会地位、经济收入、生活方式、消费类型以及居住条件等方面的分化，其在城市地域空间上最直接的体现是居住区的地域分异。

改革开放以来，随着市场经济体制的确定，我国的社会和经济格局发生了深刻的变革。这种变革受到许多世界性因素的影响，如全球化、区域一体化等形势，但更多地是受到国内的社会、政治、经济体制改革的影响。

① 陈振光、胡燕：《西方城市管治：概念与模式》，《城市规划》2000 年第 24 卷第 9 期，第 11—12 页。

由计划经济转为市场经济,由传统社会转变为现代社会,出现了许多新的城市问题。在新的形势下,采用何种方法进行城市社会空间结构的研究,如何调控居住空间分异所引起的社会分层和空间隔离,如何进行社区规划和管理,如何弄清居民的出行规律和活动空间,如何改善居民的生活环境,如何促进居民之间的交往和融合,都是我们的研究应该关注的重点内容。

一、研究意义

二十多年来,我国城市社会空间结构研究从引入、探索、丰富到逐步独立,形成自己的研究理论、方法和内容,与世界城市社会地理研究接轨以及形成中国特色方面,取得了较大的进步。但是作为一门专门化的独立学科,它还处于成形阶段,远未成熟,在理论、方法、领域等各方面仍然薄弱:研究成果借鉴西方城市社会空间的研究理论和方法体系较多;实证研究还很缺乏,且多为描述性和一般性的分析,缺乏完善和系统的理论分析框架;借鉴和运用当代中国哲学和社会科学的理论与方法不够;研究的领域有待扩展,已开发领域研究的深度有待加强。①

本书以我国城市旧城改造为切入点,从理论上分析城市旧城改造中不同利益主体的作用,并从实证上进行研究验证,对转型期我国城市旧城改造的发生、运行机制及其对社会空间结构的影响进行深入研究,探索城市社会分层、社会空间分异产生的深层原因,剖析我国城市建设与发展中存在的问题,为城市规划与管理决策提供借鉴,以更好地促进城市的发展,因而具有一定的理论与现实意义。

二、研究框架与研究方法

本书的基本研究思路是,首先在研究背景的基础上提出研究的一般性问题,然后在文献综述的基础上提出研究性问题,再通过相关理论研究,提出理论假设,据此开展实证研究进行验证,最后得出结论。

按照上述研究思路,本书结构安排如下:

第一章为绪论,指出本书的研究背景、研究意义、研究目标、研究框架

---

① 王开泳、肖玲、王淑婧:《城市社会空间结构研究的回顾与展望》,《热带地理》2005 年第 25 卷第 1 期,第 29—30 页。

与研究方法，并对涉及的一些基本概念进行界定。

第二章从国内外两个方面对旧城改造的研究进展进行概述，并进行评述，据此提出具体研究问题。

第三章是旧城改造与城市社会空间结构研究的理论基础，主要归纳了关于城市社会空间结构研究、社会分层研究、城市管治研究等基本理论。

第四章为旧城改造对城市社会空间结构的影响。从城市管治的视角出发，结合城市社会空间分异理论、社会分层理论，就转型期我国城市旧城改造中不同利益主体对城市社会空间分异的作用展开理论分析，深入剖析转型期我国城市旧城改造中的主要问题及其原因，并在此基础上提出本书研究的理论假设，包括城市旧城改造造成物质与社会空间结构变动，传统城市空间解构并开始重构；城市社会阶层分化，不同阶层的经济实力、居住选择偏好导致城市空间重构结果是社会空间分异。这是下文实证研究的基础。

第五章、第六章、第七章基于上述的理论分析展开实证研究进行验证。其中第五章是对城市社会空间结构是否因旧城改造而发生解构的验证，从旧城改造如何造成城市人口、产业、就业等的空间变化展开分析；第六章是对旧城改造是否造成城市社会分层的验证，从对不同阶层的住房状况的研究反映不同阶层的利益获得，说明旧城改造是城市社会阶层分化的原因之一；第七章则是对旧城改造使得城市社会空间重构的结果是否是城市社会空间分异的验证。

第八章总结了转型期我国城市旧城改造与城市社会空间重构的特点，分析其政策含义。

本书采用演绎方法：以相关的理论研究为前提，解释转型期我国城市旧城改造对城市社会空间结构影响的一般特点，然后具体以武汉市作为个案的实证研究对象进行理论验证。

本书研究的理论方法主要采用城市和区域经济学、城市社会地理学及社会学等研究方法。实证研究方面主要采用计量经济学、统计学等研究方法，并采用 GIS 技术将计量经济学、统计学研究的结果通过城市街区图直观地加以反映。

第二章 国内外旧城改造的研究进展

第一节 国外旧城改造研究进展

一、19世纪末期的旧城改造

旧城改造或城市更新作为城市建设的一个重要方面，与城市发展的过程密切相关。现代城市的早期发展，主要是基于旧城区的改造进行的。工业革命以前，城市并不是为了工业化而设计和建立的，绝大多数是因为悠久的历史因素而在过去的数百年间逐步形成的居住中心。[①] 工业革命后，世界范围内的城市化进程加快，大工业的生产方式促使城市规模扩大，引起了城市结构和功能的突变。城市任意膨胀发展导致建筑密度增大，同时土地私有以及生产的无政府状态，使得城市建设杂乱无章，城市环境日益恶化，要求采取相应措施。这一时期比较典型的旧区改造的例子是法国巴黎的城区重建改造和英国伦敦旧城改造这两个工程。奥斯曼(Haussmann)的“巴黎改建规划”针对城市原有功能结构和城市现状与发展之间的矛盾，促进了巴黎城市近代化进程，但未能彻底满足城市工业化提出的新要求，也未能解决城市“贫民窟”问题和城市交通障碍，且因为采用大拆大建的更新方式，奥斯曼被后人讥讽为“拆房大师”。伦敦旧城改造实践中，克里斯托弗·仑(Christopher Wren)提出城市更新中建筑的

① W.鲍尔：《城市的发展过程》，中国建筑工业出版社1981年版，第48页。

建设要充分考虑其经济与政治职能;霍华德(Ebenezer Howard)的"田园城市"(Garden City)则强调要通过城市的合理布局创造一个城市与乡村、人工与自然相结合的理想的城市空间环境。

二、19 世纪末至二战末期的旧城改造

19 世纪末至二战末期,受战争的影响,城市更新理论主要是对田园城市理论的继续探讨,以及卫星城理论与有机疏散理论的提出。源于芝加哥的"城市美化运动"(City Beautiful Movement)强调规则、几何、古典和唯美,它包括以下几方面的内容:"城市艺术"(Civic art),通过增加公共艺术品包括建筑、灯光、壁面、街道的装饰来美化城市;"城市设计"(Civic Design),将城市作为一个整体,为社会公共目标,而不是个体的利益进行统一的设计,强调纪念性和整体形象及商业和社会功能,特别强调户外公共空间的设计,把空间当作建筑实体来塑造,并试图通过户外空间的设计来烘托建筑及整体城市形象的堂皇和雄伟;"城市改革"(Civic Reform),包括对城市腐败的制止,解决城市贫民的就业和住房以维护社会的安定,强调社会改革与政治改革相结合;"城市修葺"(Civic Improvement),强调通过清洁、粉饰、修补来创造城市之美,包括人行道的修缮、铺地的改进、广场的修建等等。第一个真正大规模遵循城市美化运动原理进行规划的城市是华盛顿,克里夫兰则是另一个城市美化运动的产物。而城市美化运动史上最为全面的规划是始于 1907 年的芝加哥城市规划,它是伯纳姆(Burnham)积累十年思考和经验之所得,并成为城市规划的经典。①

赖特(Wright)等的"分散主义"(Decentralism)思想与雷蒙·恩温(Raymond Unwin)、帕克(Berry Parker)发展的"卫星城理论"对城市更新规划与实践影响深远。1918 年,芬兰建筑师伊里尔·沙里宁(Eliel Saarinen)的"有机疏散理论"(Organic Decentralization)建议有必要为西方近代衰退的城市找出一种更新改造的方法,使城市逐步恢复合理的秩序,对欧美的城市更新影响深远。盖迪斯(Patrick Geddes)首创的区域规划综合研究提出了"组合城市"(Conurbation)的概念,为城市更新规划与实践开辟了一条新的途径。所有这些先驱的理论都包含了以下思想:为适

---

① 赵红梅:《城市更新中的旧居住区改造模式研究——以长春为例》,东北师范大学硕士学位论文,2005 年,第 14—15 页。

应城市发展,须改变旧有的城市封闭式布局和更新模式。[①]

但是,国外的大规模旧城改造或城市更新运动主要发生在二战以后。勒·柯布西埃(Le Corbusier)的"光辉城市"(Radiant City)和以其为首的CIAM(国际建筑协会)提出的"现代城市"(Modern City)理论,都是倾向于扫除现有的"充满麻烦"的城市结构,取而代之以一种崭新的所谓"新理性"秩序。在柯布西埃的巴黎中心区改建方案(Plan"Voisin"de Paris,即"武阿津"[②])中,除原有的极少数类似巴黎圣母院这样的历史性建筑得到保留以外,所有老房屋和道路均被铲除,代之以一个重新规划的由快捷的交通、良好的绿化环境以及摩天大楼组成的极为壮观而又诱人的新城市。受柯布西埃和CIAM思想以及二战胜利的狂热情绪的影响,当时的政府官员和规划师们都沉醉在建设歌功颂德的宏伟城市的理想中,西方许多城市都曾经开展以大规模改造为主要特征的"城市更新"运动,其重点包括中心区被毁坏部分的重建与贫民窟清理,最初的目的是为了恢复遭到30年代经济萧条打击和两次世界大战破坏的城市,特别是解决住宅匮乏问题。

第二次世界大战结束后,各国政府都曾拟定雄心勃勃的城市重建计划,而且这些计划都是以大规模改造为手段,主张对城市中心进行大拆大改,在城市中心拆除大量被战争毁坏或者未毁坏的老建筑,取而代之的是各种所谓的"新"的"国际式"的高楼。然而,焕然一新的建筑与城市空间带给居民的却是一种单调乏味、缺乏历史感和人性的城市环境,很快便招致各种批评。"城市更新"运动后来甚至被许多学者称为是继第二次世界大战对城市的"第一次破坏"后的"第二次破坏"。

此外,大规模城市重建往往还与清理贫民窟结合在一起。一方面,清理贫民窟为政府实施大规模改造提供了最充分的理由;另一方面,许多规划师认为,凭借工业革命以来积累的财富和技术,按照"科学"规划进行大规模改造将可以彻底解决"贫民窟"这类社会问题。因此,许多城市政府都在城市更新中提出了"彻底消灭贫民窟"之类的口号,其具体做法就是铲除贫民窟所在地区的特质环境,并将居民转移到政府统一建设的"样板住房"中,然后在贫民窟原来的地方安排能够提供高税收的项目,并吸引那些对公共补贴需求较低的居民迁居于此。然而,由于产生贫民窟的

---

① 于涛方、彭震、方澜:《从城市地理学角度论国外城市更新历程》,《人文地理》2001年第16卷第3期,第42—43页。

② 徐明前:《城市的文脉——上海中心城旧住区发展方式新论》,学林出版社2004年版,第29页。

根本原因——贫困与就业问题并未得到真正解决,因此所谓的“清理贫民窟”也并未取得真正的成功。每次清理完成仅仅几年,人们便发现,“它只是(耗费巨资)把贫民窟从一处转移到另一处”。大量被迫从城市中心区迁出的低收入居民转而在内城边缘重新形成更大的贫民窟,更为糟糕的是,它还消灭了城市现存的邻里(Neighborhoods)和社区(Community),导致城市的社会经济结构遭到破坏,进一步加剧了贫民窟问题,并遗留下大量难以解决的社会矛盾。

二战后在西方普遍出现的大规模改造正如L.芒福德(Lewis Munford)所指出的,“许多看起来似乎很现代化的规划仍然充满了巴洛克的精神思想”。虽然它们较之以前纯艺术的城市规划,更多地使艺术和技术相结合,并且也扩大了城市规划的内容,但是,从本质上说,它们都继承了传统城市规划中的“形体规划”(Physical Design)的观念,把城市看做是一个静止的事物,希望通过建筑师和规划师绘制的整体的形体规划总图,利用大规模的推倒重建来解决城市存在的复杂社会、经济和文化问题。

三、20世纪50至60年代的旧城改造

20世纪50至60年代,科技发展带来的“第二次产业革命”或“第二次浪潮”推动城市经济高速增长,导致对城市土地的需求也不断高涨。在城市化加快的同时,一些西方发达国家城市人口出现了郊区化(Suburbanization)现象,制造业、商业等经济活动的分布也渐渐突破了城区界限,进入了郊区化过程。城市化和郊区化的交互作用使得西方国家大城市的空间结构发生了又一次巨大的变化,改变了城市用地平面布局的形式。这时期的城市更新运动主要是强化位于城市良好区位的城市中心区的土地利用,通过吸引金融、保险业、大型商业设施、高级写字楼等来使土地增值,而原有的居民住宅和混杂其中的中小商业则被置换到城市的其他地区。由于城市中心区地价飞扬,带动整个城市的地价上涨,助长了城市向郊区分散的倾向,并由于高强度开发带来交通堵塞、环境恶化等一系列问题,致使城市中心的吸引力下降。一些城市中心在夜晚和周末甚至变成了所谓“城市沙漠”(City Desert)或“死城”(Nekropolis)。

60年代以后,许多西方学者从现实出发,从不同立场和不同角度,对“现代主义”传统的城市规划思想及其指导下的大规模城市改造方式进行了反思与批判。

1961年芒福德的第20本著作《城市发展史》,阐述了他对西方城市

发展历史的综合思考。他反对那种追求“巨大”和“宏伟”的巴洛克式的城市改造计划，强调城市规划应当以人为中心，注意人的基本生理需要、社会需求和精神需求，城市建筑和改造应当符合“人的尺度”。他指出：“在过去的三十年间，相当一部分的城市改革工作和纠正工作——清除贫民窟，建立示范住房，城市建筑装饰，郊区的扩大，‘城市更新’——只是表面上换上一种新的形式，实际上继续进行着同样无目的集中破坏有机机能，结果又需治疗挽救。”他认为，重建大城市必须改革大城市的基本经济模式，而“城市最好的经济模式是，关心人和陶冶人”。

J.雅各布斯(Jane Jacobs)于1961年推出的《美国大城市的生与死》一书从社会经济角度对大规模改造进行了尖锐的批判。她指出，“多样性是城市的天性”。城市作为人类聚居的产物，这些人的兴趣、能力、需求、财富甚至口味千差万别，他们在相互关联的同时又不断相互适应，结果产生了错综复杂的城市功用，形成丰富多彩的城市空间。她认为，现代城市规划理论把城市多样性看做意外的、无秩序和无规律可循的不良产物而主张摒弃的做法，实际上是“反城市”(Anti-city)的。在这种规划理论指导下，大规模改造计划因缺少弹性和选择性，排斥中小商业，必然会对城市的多样性产生破坏。她还进一步认为，大规模改造计划是一种“天生浪费的方式”。大规模改造耗费巨额资金且收效不大，也并没有使贫民窟真正“非贫民窟化”，仅仅是将贫民窟移到别处，还在更大的范围里造就新的贫民窟。此外，大规模改造计划还使资金更多、更容易地流失到投机市场中，给城市经济和城市发展带来不良影响。所以她反对大规模改造计划，推崇不间断的、“小而灵活的规划”。

1965年，建筑师C.亚历山大(Christopher Alexander)在《城市不是树》一文中，从心理学和行为学角度对大规模城市改造进行了进一步的批判。他认为，大规模改造所用的统一形体规划(tidy city plans)否定了城市文化价值，并将城市功能彼此分离，强调“有生命的”(alive)城市建筑与城市设计应当寻求城市与人类行为之间的、复杂的、深层次的联系，而不是消除这种联系。

60至70年代，西方国家的城市更新运动出现了一种所谓“中产阶级化”或“绅士化”(Gentrification)倾向，一些在60至70年代接受过高等教育的年轻知识分子，受到诸如公共参与、生态保护等新观念的影响，并向往城市生活，自发从市郊回迁到城市中心区，与低收入者比邻而居。“中产阶级化”可以简单地描述为对中心城区及其附近的某些衰败的邻里社区实施更新改造，使这些地区的房地产升值，并发生了富人和穷人居住空间置换,同时伴随城市产业和职业结构重组的过程。中产阶级家庭的迁入,增加了居住地区的税收并带来了一些投资,改善了居住环境,平衡了城市交通的压力。然而,当新住户在邻里中占到了一定比例之后,原有邻里的意义已经发生了根本的转变,原来的居民或者迁出,或者被迫接受新住户对社区空间和资源的重新安排。中产阶级化本质上是富人对原本存在更大预期土地租金差社区穷人的排挤过程,中产阶级化的目标往往是那些所谓"灰区"(Grey Belt),即原有居民多为低收入白人、退休职员,社区衰败导致地价便宜,但社会秩序尚好的地区,而那些破败的贫民窟"黑区"(Black Area)则大多并未真正触及,它实质上是对社会财富的不公平再分配,加剧了城市社会阶层分化,潜伏着社会矛盾。"中产阶级化"自从产生之日起就一直是西方旧城改造的主要形式之一,对西方城市的旧城改造与旧城更新产生了深远的影响,也成为西方城市规划学、城市地理学、城市社会学等学科的重要研究领域。[①]

四、20 世纪 70 年代的旧城改造

20 世纪 70 年代以来,经过多年的发展,欧美城市与区域的结构逐渐成熟与稳定,城市化水平大于 70%,步入后城市化时代。但由于二战后的大规模更新与改造造成的环境恶化,住在破旧房屋中的穷人、老人、失业者、新移民等基本上成了"隐性人",社区邻里关系破坏,城市居民、企业、商业等进行郊区化、新城的建设,内城相对有所衰落。内城中许多工业城市遗留下来的建筑和基础设施已经不能适应现代化要求,需对其更新与改造;另一方面,内城存在经济和社会衰退、贫穷、种族歧视等问题。此外,城市内部还面临物质性老化和城市社会、经济结构衰退等复杂的矛盾,人们愈发感到城市问题的复杂性。城市衰退不仅出自经济、社会和政治关系中的结构性原因,而且也源于区域、国家乃至国际经济格局的变化。这一时期城市开发战略面向更为务实的内涵式城市更新政策,力求根本解决内城衰退问题。如英国政府于 1977 年 7 月颁布了《内城政策》,根本目的是增加内城的经济实力,改善内城物质结构,提高环境的吸引力,保持内城与其他地区的人口和就业结构的平衡以缓和社会矛盾。《内

---

① 邱建华:《"绅士化运动"对我国旧城更新的启示》,《热带地理》2002 年第 22 卷第 2 期,第 125 页。有关"中产阶级化"问题更加系统的研究可参见 Kathryn P. Nelson, *Gentrification and Distressed Cities*, The University of Wisconsin Press, 1988.

城政策》附件中还提出要改变原有的政策，在住房、土地、规划、环境、教育、社会服务设施和交通等方面支持内城发展。美国也同英国一样，面对中心城市衰落的局势，美国政府积极着手制定了一系列的城市更新措施。1974 年《住房和社会发展法》的颁布，宣告了始于 1949 年《住宅法》的城市更新计划的结束，以大规模改造为特征的城市更新运动被邻里复兴所取代。“邻里复兴”（Neighborhood Revitalization）的实质是强调社区内部自发的“自愿式更新”（Incumbent Upgrading）。其实际情况是，在社区里长大的第二、三代人，接受教育以后社会地位有所提高，具有一定的经济实力，渴望改善原有的居住条件，获得个人认同。他们不再满足于仅仅对城市规划提出修改意见，而是要求直接参与规划的全过程，希望由自己来决策如何利用政府的补贴和金融机构的资金。这些“社区规划”（Community Based Planning）通常规模较小，以改善环境、创造就业机会、促进邻里间的和睦为主要目标。规划师们也逐渐转向社会及公共政策的研究，更注重将实质环境的改善规划融入社区复兴的社会经济规划，涉及经济增长的促进，环境质量的改善，社会福利的提高，贫困地区的复兴，城市设计目标的推进，以及医疗卫生、教育与就业、预防犯罪、反吸毒与酗酒、文化娱乐和廉价住宅建设等各方面。其更新规划的目标、性质与方法都与过去的城市更新存在很大不同，更强调对现存都市邻里结构的保护和改善，更加关注公众意见，走向更全面、更系统、更切实和更有效的邻里更新规划。

这些措施得以推行还源于当时西方国家出现民主多元化的社会趋势。公共参与规划的思想作为一种“准直接民主”（Semi-direct Democracy）的体现，有别于传统的依赖政客的“代表民主”（Representative Democracy）。城市居民纷纷成立诸如“街区俱乐部”、“反投机委员会”、“社区互助会议”等自己的组织，通过居民协商，努力维护邻里和原有的生活方式，并通过法律手段同政府和房地产商谈判。由于得到政党的支持，这些社区组织对政府的城市更新政策有较大的影响。

70 年代城市更新寻求城市人口与就业的平衡，在强调社会发展和公众参与的同时也没有停止对大规模城市改造的反思与批判。1973 年，E. F. 舒马赫（Schumacher）发表《小的就是美的》，通过作者在印度的长期观察和思考，指出战后大规模改造发展模式的缺点和局限，提出规划应当首先“考虑人的需要”，主张城市发展应采用“以人为尺度的生产方式”和

“适宜技术”,体现出可持续发展思想。[①] 1975 年,C. 亚历山大在其新著《俄勒冈校园规划实验》中,再次对大规模推倒重建进行批评,提出应当注意保护城市环境中好的部分,同时积极改善和整治那些“差”的部分,主张用中、小规模的包容多种功能的逐步的改造取代大规模的单一功能的迅速的改造,扶持中、小规模的商业和文化设施的发展,同时对历史保护区内的新建筑的建设进行严格的控制,并探讨用新的连续性城市设计指导城市改造的可能性。1975 年 C. 罗伊和 F. 考特共同著述的《拼贴城市》从哲学角度抨击了那种一味追求完整、统一、和谐、收敛的乌托邦式的设计传统,认为城市是一种小规模现实化和许多未完成目的的组合,那里有一些自我完善的建筑团块形成的较小的和谐环境,但是总的画面是不同建筑意向的经常“抵触”(Collision)。同时,他们还提出建筑师作为“拼贴家”(Bricolage),应重新拾起被抛弃的项目,赋予新的用途,用一种所谓“有机拼贴”的方式去建设城市,并强调了“以小为美”的原则和居民意象拼贴论,认为这样城市才有活力,城市规划的目标也易于兑现和调整。同年 P. 霍尔的《城市和区域规划》也表达了类似的观点。另外,以 L. 文丘里、R. 克里尔、A. 拉波波特、F. 吉伯德等也对大规模城市改造进行了猛烈的批判。这些学者指出了用大规模计划和形体规划来处理城市的复杂的社会、经济和文化问题的缺陷,同时,他们都对传统渐进式规划和小规模改造方式表示了极大的关注,其中一些人还不同程度地致力于这种传统方式的新应用,出现了诸如 R. 厄斯金的参与式规划、P. 达维多夫的倡导性规划、M. 布兰奇的连续性规划、E. 林德布洛姆的渐进式规划等一系列新的规划概念和方法,强调公众参与、“自下而上”的更新改造方式。在可持续发展的思潮的影响下,西方国家城市更新的理论与实践出现了多元化,城市更新的目标更为广泛,内容更为丰富,同时继续趋向以谨慎渐进式的小规模改建为主的社区邻里更新,谋求政府、社区、个人和开发商、工程师、社会经济学者的多边合作。[②]

五、20 世纪 80 年代以来的旧城改造

20 世纪 80 年代的城市更新部分延续了 70 年代的政策,但更多的是

---

① 赵红梅:《城市更新中的旧居住区改造模式研究——以长春为例》,东北师范大学硕士学位论文,2005 年,第 7 页。

② 方可:《西方城市更新的发展历程及其启示》,《城市规划汇刊》1998 年第 1 期,第 60—61 页。

表现为对前期政策的修改和补充，突出特点是强调私人部门和一些特殊部门参与，培育合作伙伴。空间开发集中在地方的重点项目上，以私人投资为主，社区自助式开发，政府有选择地介入。大部分计划为置换开发项目，对环境问题的关注更加广泛。

西方国家旧城改造主要是基于市场经济条件下进行的，但是市场的作用远没有解决城市问题。随着管治研究的兴起，从城市管治的角度关注城市发展与城市更新问题越来越受到重视。20 世纪 90 年代，在全球可持续发展理念影响下，城市开发进入了寻求更加强调综合和整体对策的阶段，建立合作伙伴关系成为主要的组织形式，强化了城市开发的战略思维，基于区域尺度的城市开发项目增加。在资金方面注重公共、私人和志愿者之间的平衡，强调发挥社区作用。较前一阶段更注重城市文化历史遗产的保护，可持续发展是这一时期城市环境改造最醒目的特征。

归结起来，国外城市更新研究经历了几个明显的发展阶段，每一阶段都具有不同的特点，并且提出了相应的理论观点（见表 2-1）。

表 2-1　国外城市更新研究各阶段主要理论及重要观点

阶段	主要理论	代表人物	重要观点
产业革命至 19 世纪末	巴黎模式	奥斯曼	整体城区规划，建设新型工业城市
	田园城市	霍华德	建立“乡村式”城市
	英国实践	克里斯托弗 · 仑	建筑的建设应考虑经济与政治职能
19 世纪末至二战末	田园城市理论的继续 卫星城市理论	瑞玛德	政府负责重建城市，疏散人口，平衡经济
		泰勒	分散中心城市人口与经济活动
	有机疏散理论	伊里尔 · 沙里宁	建立“半独立”城镇，缓解城市中心压力
20 世纪 50 至 60 年代	巴洛克式改造	柯布西埃	大规模推倒重建
	渐进式小规模改造	简 · 雅各布斯 E. F. 舒马赫	小而灵活的规划实现社区网络与文脉的延续
20 世纪 70 年代	社区建设与公众参与	赫鲁	注重区域、社会、文化和公共政策研究，注重更新过程与社会网络结构的更新
	可持续发展理论	芒福德	注重城市长期发展规划
	改造与历史价值保护	亚历山大	注重城市环境保护，对历史保护区的新建筑严格控制

（续表）

阶段	主要理论	代表人物	重要观点
20世纪80年代以来	可持续发展理论延续 城市管治 合作伙伴关系的建立		以私人投资为主，社区自助式开发，政府有选择地介入

资料来源：陈劲松：《城市更新之市场模式》，机械工业出版社2004年版，第18页，有补充。

第二节　国内旧城改造研究进展

与西方国家相比，我国的工业化和城市化历程短，至今还处在城市化发展的初期。由于复杂的社会原因，在我国历史上自然经济长期占统治地位，商品经济不发达，世界范围内掀起的产业革命对我国城市发展的推动力很小。我国近代城市兴起于鸦片战争之后，20世纪初叶得到初步发展。经过多年的战争，城市经济濒于崩溃。解放初期，我国城市大部分为旧城市，大都有七八十年、上百年乃至几百年的历史，呈现出日益衰败的景象，治理城市环境和改善居住条件成为当时城市建设中最为迫切的任务。从1949年至今，我国旧城更新改造已近60年，经历了一个漫长而曲折的发展过程。

在新中国成立后的“恢复时期”和“一五”建设时期，城市建设在“变消费城市为生产城市”、“城市建设为生产服务、为劳动人民服务”等方针的指引下，一直以生产性建设为主，建设特点在于发展工业生产，项目集中于城市新区。由于国家财力有限，为了配合重点工业项目布局，城市建设资金主要用于发展生产和一些城市新工业区的建设，大多数城市和重点旧城区的建设，只能按照“充分利用、逐步改造”的方针，充分利用原有房屋、市政公用设施，进行维修和局部的改建或扩建。从总体效果来看，我国主要城市的改造和重建成效显著，城市住宅、交通、大型公共设施有了新的发展。尽管50年代城市建设在历史文化保护方面出现了一些失误，但是总体效果较好，一些城市出现了代表新中国崭新风貌的标志性建筑。从当时的实践来看，这一时期的大规模城市建设，是中国历史上前所未有的，它对城市环境的改善和居住环境的改善起到了十分积极和重要的作用。但是,由于缺乏经验,对建设城市的复杂性和艰巨性认识不够,过分强调利用旧城,一再降低城市建设的标准,压缩城市非生产性建设,致使城市住宅和市政公用公共设施不得不采取降低质量和临时处理的办法来节省投资,为后来的旧城改造留下了很多隐患。

从1958至1978年期间,由于受“左”的思潮和“文化大革命”的影响,城市规划建设出现倒退。不顾国家财力和物力的盲目冒进,工业建设速度过快,规模过大,城市的人口过分膨胀,不但没有很好地改造旧城,反而由于加重了旧城负担,造成城市住宅紧张、市政公用设施超负荷运转、环境日趋恶化等严重问题,加速了旧城的衰败。“文化大革命”十年动乱使城市处于规划缺失、管理失控的非正常状态,一些城市文化古迹遭到破坏,城市绿地被工厂侵占,造成城市布局的混乱状态,城市居住和公共设施条件恶劣,大面积棚户区和简易住宅是70年代末全国城市的普遍景观,给以后的旧城改造设置了难以解决的障碍。70年代后期,旧城改造的重点在于解决城市职工的住房问题,各城市纷纷开始大量修建住宅,还结合工业的调整和技术改造,开始着手工业布局和结构改善。建设用地大多仍选择在城市新区,在需要更新的老城区,采取从老城边缘向中心指向的“填空补实”的方式。由于管理体制和经济条件的限制,以及保护城市环境和历史文化遗产观念的淡漠,建设项目存在各自为政、标准偏低、配套不全,同时还存在侵占绿地、破坏历史文化环境的现象。在“填空补实”过程中还伴生了大量的街道工厂,在“街道办社会”、“企业办社会”思想的影响下,老城区不管是生活还是生产环境都有所恶化,形成独特的“内旧外新”的城市空间景观。

改革开放以后,我国城市经济迅猛发展,城市建设速度大大加快,旧城更新改造以空前的规模与速度展开,进入了一个新的历史阶段。80年代的旧城改造从危旧房改造开始,如北京市在1978年到1987年的十年间新建住宅4400多万平方米,人均居住水平从4.55平方米提高到6.82平方米。90年代初期,市场经济体制发育,社会经济环境的改善为城市发展创造了良好的条件,但是计划经济发展思想仍然贯彻在城市发展建设的过程之中,城市更新社会政策环境缺乏,加上改革开放以前不当的城市建设造成的更新障碍、资金匮乏,致使我国城市更新处于“挣扎停滞”、“欲新不能”的特殊时期。这一时期我国城市建设“重生产、轻生活”的思路有所改变,非生产性建设的投资比例逐年上升,采用“拆一建多”的开发方式,在老城区和新区分别建设了一批多层盒型布局、兵营状住宅区,以求以最少的资金解决最多人的居住问题。90 年代以来，社会主义市场经济体制逐渐完善和确立，我国社会政治经济环境处于大改革的转型期。社会环境逐渐宽松、地方政府利益主体逐渐确立、国民经济水平提高、土地使用权有偿转让制度解除了资金障碍、城市居民对生存环境要求提高、大规模的新区建设等等为城市更新提供了较大的社会支持、承受空间和城市物质承接空间。基于此种背景，各地城市更新逐渐摆脱以前"既要积极，又要稳妥"的政策思路，进行了大规模、快速化城市更新，特别是对一直缺乏更新的城市中心区，更新的规模和力度更大。①

20 世纪末，随着土地、住房制度改革，房地产市场的发育和完善，大中城市进入了住宅质量的全面提高阶段，"花园住宅小区"成为各大城市的普遍景观。这一时期对我国城市建设影响最大的一个方面是城市开发区建设。在继续扩大开放、加快改革的政治背景下，沿海和内陆城市都积极利用外资进行了大规模的城市开发建设。城市开发区大都是以一个崭新的城市组团的形式出现，同时也带动了整个城市的基础设施改造、公共设施建设、老工业区改造和新工业区开发，其实质是城市经济结构调整和城市管理体制的改革。②

理论上看，我国城市更新理论研究起步较晚，1984 年在合肥召开全国首次旧城改建经验交流会。1995 年在西安召开了"旧城更新"学术研讨会，次年在无锡成立了城市更新专业学术委员会。总体来说，我国城市更新改造局限于对一些具体案例、具体问题的探讨，偏重技术问题，缺乏深入系统的理论研究，且一直受西方现代主义理论的影响，城市更新长期被简单理解成单一的对物质环境的"改造"。直到 80 年代，吴良镛院士提出"有机更新"理论，对我国许多历史文化名城的发展具有现实的指导意义。

进入 20 世纪 90 年代以来，我国大范围、大规模的城市开发和改造实践所产生的问题和面对的挑战，促使理论界必须以严肃的态度来认识城市更新改造问题。各地的旧城更新改造呈现多种模式、多个层次推进的发展态势。更新改造模式由过去单一的"旧房改造"和"旧区改造"转向"旧区再开发"，旧城改造不仅仅以改善居住条件和居住环境为目标，而且充分发挥改造地段的经济效益和社会、环境效益，实现改造旧区和城市

---

① 李建波、张京祥：《中西方城市更新演化比较研究》，《城市问题》2003 年第 5 期，第 69 页。

② 张平宇：《城市再生：21 世纪中国城市化趋势》，《地理科学进展》2004 年第 23 卷第 4 期，第 74 页。

现代化的多重目的。方志刚提出旧城改造"多元共生"的思路，主张在时间上容忍代表不同历史时期和时代的新老建筑并进；空间上追求城市更大区域范围内新老建筑在三个维度上的共存。① 因此，从观念上应由新城区、开发区建设的"新城模型"转向对既有城市的适应性维护，相应的旧城改造与规划的价值标准也要发生转变。② 但是在利益机制驱动下，旧城的开发建设存在一定的盲目性、投机性，重经济效益，轻环境效益、社会效益，给城市的后续发展带来隐患，迫切需要对市场经济条件下的旧城改造重新认识，修正观念、明确目标，采取有效的调控措施，促进旧城改造的健康发展。从当前我国旧城改造研究的问题、研究方法及贯穿理念来看，归纳起来主要有以下几个方面：

其一，强调旧城改造由单一的形体规划向系统的综合规划转变。如阳建强、吴明伟指出："城市更新目标应建立在城市整体功能结构调整综合协调基础上，应由过去注重单纯的城市物质环境的改善转向对增强城市发展能力，实现城市现代化，提高城市生活质量，促进城市文明，推动社会全面进步和更广泛、更综合目标的关注。"还指出："城市更新规划应由传统的单一形体规划走向综合系统规划；城市更新工作程序由过去的封闭式走向开放式；城市更新方式也应由目前急剧的突发式转向更为稳妥的和更为谨慎的渐进式；城市更新策略由零星走向整体。"③

其二，强调旧城改造规划设计中社会文化的融合与多元化，贯穿的是"以人为本"理念。如唐历敏提出，"在旧城更新改造中，关注人文主义规划思想"，指出旧城改造中更多地体现人文主义规划思想是一条新路。提倡旧城更新应为连续渐进式的小规模开发，重视生态环境，重视可持续发展，提倡以人为本。④

在市场经济体制下，旧城更新改造的投资由单纯依靠国家拨款转向为全社会的共同支持，形成国家、地方、企业、金融界、海外商界等多渠道、多层次投资体系，改变了过去单一的政府投资主体，出现政府、单位、开发企业、合作组织与私人共同参与旧城更新改造的方式。投资主体的多元

---

① 方志刚：《多元共生：历史地段改造更新的现实道路——以上海里弄住宅地区的旧城改造为例》，《同济大学学报（社会科学版）》2001 年第 12 卷第 4 期，第 15 页。

② 龚清宇：《追溯近现代城市规划的"传统"：从"社经传统"到"新城模型"》，《城市规划》1999 年第 23 卷第 2 期，第 17 页。

③ 阳建强、吴明伟编著：《现代城市更新》，东南大学出版社 1999 年版，第 145—147 页。

④ 唐历敏：《人文主义规划思想对我国旧城改造的启示》，《城市规划汇刊》1999 年第 4 期，第 7 页。

化导致利益分配多元化，在国家与单位的纵向利益划分之中，又增加了政府与开发公司、公众之间此消彼长的横向利益分割，处理不好就会激化矛盾，引发社会不安定因素的增长。因此，在“以人为本”理念指导下，旧城改造中的公众参与及社会公平问题日益受到关注。①

其三，旧城改造与城市可持续发展问题，通过对历史文化的保护和城市居住环境的建设问题的研究来体现可持续发展理念。如方可提出“人居环境”的观念与方法，把“可持续发展”和“有机更新”理论作为研究的基本理论和方法，“探索得出旧居住区住房更新的新机制——社区合作更新”。“社区合作更新是指以‘社区合作’与‘居民自助’为基础的旧城住房更新机制，其主体是社区组织、居民，以及外来的参与者，如政府、开发商、各类基金等，大家通过平等协商合作来改善社区居住环境。”②吴良镛院士在《人居环境科学导论》中尝试构建以“五大原则”（生态观、经济观、科技观、社会观、文化观）、“五大要素”（自然、人、社会、居住、支撑网络）、“五大层次”（全球、区域、城市、社区、建筑）为基础的人居环境科学的基本框架，努力以综合的、整体的、普遍联系的观念来认识、解决城市规划与发展中的有关问题。③

其四，强调旧城改造中的市场化运作模式，应充分利用市场经济手段和市场机制，采用经营城市的理念进行旧城改造④，同时也强调政府宏观调控作用。如陈业伟指出：社会主义市场经济的企业运行机制和利益关系必须是双重性的目标机制——企业利益和社会利益。⑤ 但这一论点在旧城更新改造和房地产开发过程中尚未被认识，以致在实践中，在纯经济利益的驱动下，只顾自身利益，忽视城市规划总体利益、人的利益、其他经济主体利益、社会利益、生态环境等的消极影响时有发生。为此，必须在旧城改造工作中加强城市规划的宏观调控作用。李东泉提出“政府赋予能力”的概念，认为对于旧城改造来说，采取“国家提供”的方式已不符合

---

① 参见叶东疆：《对中国旧城更新中社会公平问题的研究》，浙江大学硕士学位论文，2003年；卢源：《旧城改造中弱势群体保护的制度安排》，《城市管理》2005年第5期；邱建华：《“绅士化运动”对我国旧城更新的启示》，《热带地理》2002年第22卷第2期。

② 方可：《当代北京旧城更新：调查·研究·探索》，中国建筑出版社2000年版，第3—5、94—99页。

③ 吴良镛：《科学发展观指导下的城市规划》，《人民论坛》2005年第6期，第34页。

④ 周洪德、姜凌、师丽、李延铸：《用经营城市新理念突破城市建设瓶颈——关于成都市旧城改造新模式的理论思考》，《中共四川省委党校学报》2003年第1期，第24页。

⑤ 陈业伟：《旧城改造要加强城市规划的宏观调控作用》，《城市规划汇刊》1997年第2期，第40页。

时代的发展趋势，同时由于旧城改造所面临的难度，也使政府难以独立承担这项艰巨的任务；而交给市场解决，又会带来新的社会分配不公、城市规划失控、城市历史风貌遭到破坏等诸多问题。因此，在综合利弊的基础上，提出政府“赋予能力”是旧城改造中的新思路。[①]

作为一项复杂的系统工程，旧城改造也涉及各方面的法律法规问题，需要有科学的规划和健全的管理体制。因此，旧城改造的法制化问题也受到了广泛关注。如张平宇提出要尽早对城市更新改造进行立法，或在《城市规划法》中充实和完善关于城市再生活动的法律条款，明确城市更新改造的法律地位以及与相关法律之间的关系，使城市历史文化遗产得到有效保护；更重要的是保障社区居民的利益，规范开发商、市民、企事业单位的微观开发与改造行为，减少城市改造中的盲目性和投机性；要建立专门的管理机构，明确它的行政地位和职能权限，建立起科学的监督、评价和考核机制，协调政府、市民和开发商的利益。[②] 此外，对与旧城改造类似的城市再生或城市复兴概念的内涵与作用机理的深入研究[③]、对于我国旧城改造的拆迁补偿政策[④]、旧城改造的居住模式更新[⑤]、旧城改造中的政府行为等具体问题也有一些研究，本书就不再赘述了。我们可以把我国城市旧城改造研究的发展历程及特点归纳如下表。

---

① 李东泉：《政府“赋予能力”与旧城改造》，《城市问题》2003 年第 2 期，第 22 页。

② 张平宇：《城市再生：21 世纪中国城市化趋势》，《地理科学进展》2004 年第 23 卷第 4 期，第 78 页。

③ 张平宇：《城市再生：我国新型城市化的理论与实践问题》，《城市规划》2004 年第 28 卷第 4 期；吴晨：《城市复兴的评估》，《国外城市规划》2003 年第 18 卷第 4 期；吴晨：《城市复兴中的合作伙伴组织》，《城市规划》2004 年第 28 卷第 8 期。

④ 邵磊：《北京旧城改造拆迁补偿政策的回顾与反思》，《城市开发》2003 年第 5 期；陈扣林、吴连干：《旧城改造拆迁补偿政策的思考》，《中国物价》2000 年第 5 期。

⑤ 赵红梅：《城市更新中的旧居住区改造模式研究——以长春为例》，东北师范大学硕士学位论文，2005 年；陈眉舞：《中国城市居住区更新：问题综述与未来策略》，《城市问题》2002 年第 4 期；袁家冬：《对我国旧城改造的若干思考》，《经济地理》1998 年第 18 卷第 3 期。

表 2-2　国内旧城改造研究的发展历程及其特点

阶段	改造背景	改造特征	存在问题
解放初至20世纪70年代	为摆脱旧中国遗留的贫穷落后状况,建设重点在于发展工业生产,改造项目多集中于城市新区	改造政策是“充分利用、逐步改造”,着眼于棚户和危旧简陋房屋的改造,同时增添一些市政基础设施,以解决居民卫生、安全、居住等最基本的生活问题	旧城区整体上维持现状,并未进行实质性的更新改造
20世纪70年代后期至80年代末期	重点在城市生活设施建设,主要解决职工住房,建设用地大多仍选择在新城区,对旧城区实行“填空补实”的方式	从老城区边缘向中心的“填空补实”方式进行了一系列标准低、配套不全、侵占绿地、破坏历史文化环境的城市建设。采用“拆一建多”的开发方式在老城区和新城区分别建设了一批多层盒状布局、兵营状的住宅区,以求最少的资金解决最多数人的居住问题	“内旧外新”的独特城市景观忽视城市空间形态。“填空补实”的思想使得旧城生活环境恶化。“拆一建多”破坏了城市机理,使城市失去特色
20世纪90年代以后	城市化进程加快,土地利用制度改革解决城市用地紧张问题,“集约化”用地成为必然趋势;社会环境日渐宽松,城市居民对生存环境要求提高,大规模新区建设为旧城改造提供了物质承接空间以及社会支持	大规模快速的城市更新,对一直缺乏更新改造的城市中心区的更新改造力度加大,与国外二战后期大规模推倒重建有许多相似之处。在多样性的动力推动下,旧城改造带来物质更新、城市空间结构调整、人文环境优化等包括社会、经济、文化等内容的多目标、快速更新	城市空间职能结构、环境等问题得到一定程度的改善,但也产生了大量负面影响,如中心过度开发、社区失去多样性、城市社会空间分化、受保护建筑遭到破坏、城市文脉被切断、城市特色消失而走向雷同等

资料来源:陈劲松:《城市更新之市场模式》,机械工业出版社 2004 年版,第 62 页,有改动。

第三节　国内外旧城改造研究评述

总体看来，对旧城改造的研究实践多于理论。无论是西方二战前期至后工业化前夕以形体规划为核心的大规模、激进式的非理性更新，以及后工业化时期在“人本主义”、可持续发展思想影响下强调功能的小规模、渐进式、社区规划、多元参与的理性更新，还是建国以来，我国以局部危房改造、基础设施建设为主要目标内容的小规模形体更新，以及在多样性动力机制推动下逐渐朝向以包括物质性更新、空间功能结构调整、人文环境优化等社会、经济、文化内容的多目标、快速更新[①]，都是针对城市不同发展时期存在的社会经济问题而提出的解决方案与措施，主要是旧城改造的具体实践。虽然在旧城改造的研究中也提出了很多诸如改造理念、改造方式、改造内容、管理体制、运行机制、运作模式等方面的问题，但是对于旧城改造对城市社会经济发展所造成的影响的深入研究并不多见。或者换句话说，目前关于旧城改造的研究主要是按照“城市社会经济发展存在问题——这些问题如何通过有效的旧城改造加以解决”这样的思路进行的，而从“旧城改造对城市社会经济会产生什么样的深刻影响”角度来进行的研究较少。且一般定性的理论分析多，定量的实证研究少。旧城改造无疑会对城市社会经济的各方面都产生深远的影响，它不仅仅是一种物质形态结构的变化，更是一种社会结构的变迁[②]；它不仅造成城市物质空间的变化，而且也导致相应的城市社会经济关系的调整。因此，对于旧城改造问题的研究，除了要注重旧城改造的理论与实践以外，还有必要对旧城改造产生的社会经济影响进行深入研究。

虽然表面上看，中西方城市更新所关注的问题都表现为布局混乱、房屋破旧、居住拥挤、交通阻塞、环境污染、市政和公用设施短缺等，但是由于在城市发展阶段、城市发展历程以及所处的社会经济背景上的不同，我国城市更新的动因、目标、方式方法与西方相比存在很大的差异。西方国家的旧城更新是处于一种完全的市场经济的背景下，受长期市场经济价值规律的影响，使得西方城市形成了富有弹性、相对较稳定的城市社会经

① 李建波、张京祥：《中西方城市更新演化比较研究》，《城市问题》2003 年第 5 期，第 68 页。

② 徐明前：《城市的文脉——上海中心城旧住区发展方式新论》，学林出版社 2004 年版，第 247 页。

济空间结构。而我国在政府主导的计划经济体制影响下，城市建设和发展几乎在纯政府力推动下完成，城市发展有着明显的行政、计划的痕迹，城市空间生长表现出工业主导下的平面扩散，形成相互分割的城市“子空间”。随着市场经济体制的日益成熟，特别是 1987 年以来城市土地市场的形成和完善，我国城市建设、更新逐渐由局部分割走向整体协调，由单一目标走向多目标，其推动力也正由政府主导逐渐向社会、城市发展理性需要的功能主导转变。但是计划经济体制下逐渐形成的城市社会经济空间结构，在当前社会经济环境中有一个适应、调整的过程。从城市社会空间角度来看转型期旧城改造，如在当前产业结构的大幅度调整时期，伴随的社会就业结构的转型，城市贫困问题显化等等现象，在这些情况下，城市更新的内容、方式、力度等都是值得认真探讨的问题。

从本质上看，西方国家的城市面临的不是增长和发展带来的压力，而是如何阻止人口和企业外流，吸引人口和就业岗位返回城市的问题，而我国城市更新着重解决的是经济增长和发展带来的压力。[①] 现阶段，我国已将城市真正作为国民经济的增长极，势必从总体上推进城市结构的变革。处于城市中心的旧城区，作为黄金地段，必然成为第三产业集中的地区，使得原以居住为主、虽分布着商业服务设施却并不发达的旧城区得到更新改造，成为城市的核心。相应的，城市土地将出现大规模置换，也促使原来土地用途结构和空间分布结构不合理现象发生改变，需要更多地遵循城市土地区位价值规律，按其所在位置所取的最高指标租金进行最优化配置。城市发展中就业门路、就业人员构成突变，人口统计以外的流动人口就业比例大幅度上升，对城市的规模、容量和结构产生巨大影响和压力，要求城市进一步提高自身的人口承载能力和聚集能力。此外，城市现代化、国际化的趋向，亦要求城市承担和胜任现代化、国际化的各项职能，相应地要求以高效合理的城市结构、完善的城市功能设施和高质量的城市环境作为它的物质基础，等等。这些高层次的发展要求，无疑形成了中国城市更新的强大动因。因此，我国现阶段城市更新改造的实质是基于工业化进程开始加速、经济结构发生明显变化、社会进行全方位深刻变革这一宏观背景下的物质空间和社会空间的大变动和重新建构。它不仅面临着过去大量存在的物质性老化问题，而且更交织着结构性和功能型衰退，以及与之相伴而随的不同社会群体的社会经济地位与关系的变化、

---

① 徐明前：《城市的文脉——上海中心城旧住区发展方式新论》，学林出版社 2004 年版，第 51 页。

传统人文环境和历史文化环境的继承和保护等社会问题。从深层意义上看,城市的旧城改造应看做是整个社会发展工作的重要组成部分,从总体上应面向提高城市活力、推进社会进步这一更长远全局性目标。其总的指导思想应是提高城市功能,达到城市社会经济结构调整,改善城市环境,更新物质设施,促进城市文明。

第三章 旧城改造与城市社会空间结构研究的理论基础

城市空间结构一直是多学科竞相参与的研究领域,涉及很多方面的内容,不同的学科在关注的重点上也不相同。由于本书主要研究旧城改造对于城市社会分层以及社会空间结构的影响,并就如何通过有效的治理实现城市社会经济的可持续发展提出政策建议,因此根据研究需要,本书首先主要介绍城市社会空间结构中关于城市社会空间分异的相关理论,然后对社会分层理论、城市管治理论也做了简单介绍,作为研究的理论基础。

第一节　城市社会空间结构理论

一、城市社会空间分异理论

对于城市社会空间分异,冯健博士认为学术意义上的“分异”并不等同于一般意义上的“差别”。因为一般而言,城市要素在空间分布上总是存在这样或那样的差别,我们没有必要甚至也不可能追求要素在空间上的均匀分布。但是当这种空间差别不断明显、突出,影响到城市规划、产生城市问题的时候,便可称之为城市社会空间分异。[①] 因此,城市社会空间分异是指各种社会要素在空间上明显的不均衡分布现象。在西方国家,城市社会空间分异主要表现在三个方面:居住分异、社会空间极化以

① 冯健:《正视北京的社会空间分异》,《北京规划建设》2005年第2期,第176页。

及移民社区。

艾大宾等认为,由于居住地在城市人们生活中起着重要作用,居住的地域分异直接促成了城市社会空间的分异,居住的地域分异格局反映了城市社会空间的结构特征。因此,对居住区地域分异特征及其导致因素的分析是研究城市社会空间结构的核心。所谓居住分异是指由于居民的职业类型、收入水平及文化背景差异使得不同社会阶层居住在不同的区域。[①] 杨上广博士认为,居住分异是由于房价的"过滤"和社会经济差异的"分选"机制,使不同职业背景、文化取向、收入状况的居民住房选择趋于同类相聚,不同特性的居民聚居在不同的空间范围内,整个城市形成一种居住分化甚至相互隔离的状况。在相对隔离的区域内,同质人群有着相似的社会特性、遵循共同的风俗习惯和共同认可的价值观,或保持着同一种亚文化。[②]

在西方,目前城市社会空间极化主要是指在经济全球化的"时空压缩"下,经济结构正在发生着显著的变化,结果导致服务性行业和服务性工作比例越来越大,制造业的比例却急剧下降,必然给城市的就业结构带来明显的变化,城市劳动力日益分层,导致收入差距拉大,造成城市社会空间日益分化为贫富两极的格局。如萨森(Sassen)对全球化对大城市像纽约、伦敦、东京等所谓"全球城市"的影响的研究表明,一方面跨国公司总部和国际精英聚集在这些城市,金融、贸易等产业大规模发展;另一方面出现了为这些精英提供各类服务的产业,国际移民日益增加,成为低技术、低工资服务业的劳动力。非生产型的保险、金融和不动产业以及创新型产业如广告媒体、音乐制造等成为新的经济主体,而制造业大幅紧缩。产业结构的转型带来城市职业结构转型,从而造成新的社会极化:处于经济收入水平两端的人群出现膨胀而中等收入的人群减少,构成所谓"沙漏型"社会结构。产业变迁对城市空间造成的结果是城市变得更加"分化"、"碎化"和"双城"化:一端是精英阶层在舒适豪华的典雅社区居住,通过围墙、保安等杜绝外人的自由出入,形成防卫型社区(gated community);另一端则是城市下层、低收入人群或有色种族在衰退的城市中心区密集,其边缘化导致"下层阶级"出现。当代西方城市社会空间发展的主要趋向是不断增加的社会空间极化,城市也因此被称为"双城"、"碎城"、

---

① 艾大宾、王力:《我国城市社会空间结构特征及其演变趋势》,《人文地理》2001 年第 16 卷第 2 期,第 8 页。

② 杨上广:《大城市社会极化的空间响应研究——以上海为例》,华东师范大学博士学位论文,2005 年,第 30 页。

“多极城市”等。[1]

西方城市社会地理学认为，城市居住空间不仅是城市地域空间内某种功能建筑的空间组合，它还是人们居住活动所整合而成的社会空间系统（Socio-spatial system）。新马克思主义地理学派也认为，不同居住空间不仅在可达性、生活环境质量、就业和受教育机会等方面存在差异，而且具有社会经济地位差异的“社会标签”作用，因此，空间组织是一种社会过程的物质产物，社会距离与空间距离的一致性是导致城市居住分异的一个重要因素。城市组织空间既不可能是一种具有独立自我组织和演化自律的纯空间，也不可能是一种纯粹非空间属性的社会生产关系的简单表达。城市空间结构和社会结构具有同源性，社会和空间之间存在辩证统一的交互作用和相互依存关系。城市居住空间作为一种由邻里单位有机整合而成的社会空间连续系统，是城市社会结构和空间结构相互作用的社会空间统一体的重要表现。因此，对城市社会空间极化的研究，实质是研究城市不同社会阶层之间的社会关系和社会距离如何从抽象的社会经济维度投影，转换到具体的物质的地理空间维度，社会阶层化如何反映在空间阶层化，即城市社会空间结构的重构与分异如何反映城市社会结构的重构与分异，以及两者之间的对立统一关系。[2]

居住空间的差异在西方国家有多种表现形式，种族隔离是其中最重要的一种。伯吉斯（Burgess）对芝加哥市不同种族居民迁移的研究认为，种族的聚集是移民迁移的动力，而居民迁移对形成美国大城市的空间结构，尤其是居住空间结构起着决定性的作用。当今种族分离仍然是形成美国城市空间结构的基本因素之一，黑人和白人的分离，黑人和拉美裔（以墨西哥人为主）的分离，不仅出于一般意义上的种族分离，而且更出于政治上的要求：只有同种族高度集中在一区，该区才可选出代表该主导种族的市议员或联邦众议员。因为美国的选区划分是基于社区的人口数，只有达到一定人数，才有资格选出议员。而某种族占多数则是该种族赢得该选区的基本保证。所以，人口分离的原因不仅是种族方面的，反映出人类寻找共同社会属性而居住的共同特性，也是政治体制方面的，即特定（如选举制度、户口制度）体制人为造成的。由于相同种族人群聚集在一起形成同族聚集区，与不同种族群体的聚集区形成居住隔离，居住隔离

---

① 李志刚、吴缚龙、卢汉龙：《当代我国大都市的社会空间分异——对上海三个社区的实证研究》，《城市规划》2004 年第 28 卷第 6 期，第 60—61 页。

② 杨上广：《大城市社会极化的空间响应研究——以上海为例》，华东师范大学博士学位论文，2005 年，第 3—4 页。

区主要有移民营(colony)、飞地(enclave)和少数民族聚居地(ghettos)等类型。在我国一些大城市,随着改革开放的深入和户籍制度的松动,大量的流动人口成为城市常住人口的一部分,某些城市中流动人口的比例已是当地原有人口的数倍,居住分布已明显反映出外来者省籍、职业等社会属性的影响。作为群体,外来人员往往集中在城市外围边缘及城乡结合部地区,和城市原住人口分离。在外来人口居住区中,又分化为基于省籍而形成的居住组团。他们往往根据亲缘、地缘关系聚集在一起,逐渐形成移民社区,如在北京、上海的"浙江村"、"河南村"、"新疆村"和"福建村"等"城中村"。这些移民在城市中往往从事相同或近似的职业,类似于西方的种族社区和移民社区。①

对于转型期我国城市空间结构的研究,张庭伟教授认为,迄今为止基本是出于经济、政策两方面的考虑,而从社会学和其他学科角度所作的分析比较少见。如何从多学科角度来研究城市空间结构变化及其动力,仍是个尚待开发的领域。② 因此,下文除了介绍城市社会空间分异的经济学、政治学的相关理论以外,还对城市社会空间分异的社会学方面的理论进行详细介绍。

二、经济学的理论

经济是影响城市发展最主要的因素之一,特别是随着我国经济体制从计划经济向市场经济转变,经济活动对城市发展发挥的作用越来越明显。经济学理论在解释城市经济活动的同时,也是对城市发展、空间演化的注释。在旧城改造中,城市开发方式和政府决策方式是最重要的影响因素,因此,研究市场机制和政府决策方式的经济学理论对研究旧城改造更新具有积极的理论指导意义。

(一) 土地经济学理论

20世纪60年代,阿朗索(Alonso)通过分析土地价格和区位成本(因区位引发的相关费用,如交通费用等)对形成城市不同居住区分布状态的影响指出,不同的土地价格导致不同的土地使用,土地价格是形成城市空

---

① 杨上广:《大城市社会极化的空间响应研究——以上海为例》,华东师范大学博士学位论文,2005年,第31页。

② 张庭伟:《1990年代中国城市空间结构的变化及其动力机制》,《城市规划》2001年第25卷第7期,第8页。

间结构最基本的因素。对单中心城市而言,随着与城市中心的距离递增,区位聚集利益递减,与之相应的土地利用深度也将随距离增加而递减。不同的土地使用者能够负担的成本不同,决定了他们在城市不同区位上的土地利用状况。对于土地价格对城市土地利用的影响问题,新古典主义经济学派倾向于按自由市场条件下,根据供需关系决定土地价格,能支付最高地价的使用者占用地价最高的地区,提出了在"理性条件下"如何经济地利用土地的"最佳"用地模式,以供规划土地配置时作指导。但是"理性条件"在现实生活中并不存在,为了对这种"理想的"土地配置模式进行修正,行为学派加入了"现实条件"作为约束。结构主义学派则引入了政治经济学的内容,认为不应抽去现实生活中的政治因素讨论抽象的地价问题。新马克思主义学派提出,由于发达国家日益成为生产的管理中心和研究中心,它们将生产中的生产环节迁移到发展中国家土地、劳动力价格便宜的地区去。其结果是,发达国家制造业衰退,老工业中心城市衰退;新的管理、研究中心多在郊区,导致高度的郊区化。与此同时,在发展中国家,那些拥有土地和劳动力资源优势的城市吸引了制造业、加工业,城市得以发展,并向外扩张。

经济学假定厂商、个人等都是"理性的",所有经济活动都是为了低投入、高产出,他们在选择城市用地时,无论是考虑工厂选址,或是购买住房,对土地成本和交通成本的分析都成为决策的重要依据。当交通成本相对于土地成本而言比较便宜时,郊区化就会出现,因为郊区的低廉地价能使总投入减少,从而收益增加。例如在美国,同样的资金在郊区可以购买到更大片的土地,而政府投资建造的便捷的公路系统使交通成本下降,由此客观上鼓励更多人迁到郊区。一般认为,政府投资建设的交通系统越发达,郊区化的进程将越加速,于是出现一种"离心"的倾向——工业、居住都可能迁到郊区。[1]

(二)聚集经济理论

经济活动的客观规律之一是聚集经济效应。历史上韦伯在分析单个产业的区位分布时,较早提出要加强对经济凝聚作用的分析研究,他认为聚集经济效应可以使基于运输和劳动力成本定向的区位发生偏离。聚集经济效应的产生主要有两种方式:一是工业生产规模扩大以及生产企业间分工协作的加强而形成工业内部集聚。生产规模扩大可产生规模经

---

① 张庭伟:《1990年代中国城市空间结构的变化及其动力机制》,《城市规划》2001年第25卷第7期,第9页。

济，分工协作加强可使企业生产在地域上集中、有序化，企业间相互提供原材料、零部件等获取经济利益。二是由于聚集的外部原因引起聚集经济效应，主要是由于企业选择了与其他企业相邻的区位，如共同使用公共设施、专用设备等降低经营成本。城市作为一种“经济景观”，是空间经济体系格局的最高表现，是社会经济活动空间聚集的结果。从这一角度来看，城市的形成是经济力量作用的自然结果，它是一定地域中各种市场力量相互交织在一起的大规模集中而形成的必然结果。从经济的角度来看，城市是市场作用的产物。促使城市形成的市场力量主要有三个方面：一是比较利益；二是生产的内部规模经济；三是城市聚集而产生的经济效益。其中的聚集效应影响尤其深远。聚集经济形成的原因和动力大致包括：外部性、规模经济、竞争与合作的创新机制、自然优势与人文环境的聚集力。[1] 在计划经济条件下，由于经济效益不是主要的考虑因素，因此聚集经济效应也不被重视。引进市场经济后，出于对经济效益的追求，各企业都充分注重聚集效应，于是在市中心区发展了以商业、办公为主的CBD，而原来的近郊工业区和新建的工业开发区则成为工业的集中地，出现了城市空间结构的重组。经济规模效应使相同功能用地有集聚的倾向，从而使城市用地出现一种“集中”的趋势。在现实生活中，我们看到小块分散的零星工业用地正渐渐迁并到工业区中，一些城市的“单位大院”也正让位于按使用功能组织的大区。除了因地价不同而调整土地之外，聚集经济效应是另外一个经济因素。

（三）权衡理论

19 世纪末 20 世纪初，随着西方资本主义的进一步发展，古典经济学受到严重的冲击，随后进入了传统庸俗经济学发展阶段，这时新古典经济学也随之发展起来。新古典经济学承认家庭和公司两个部门，家庭希望得到最大的设施满足，公司则期望获得最大的效益。与新古典经济学相对应，在城市研究领域出现了城市经济学。1960 年，阿朗索（Alonso）从经济角度对城市人口迁居行为进行了详细研究，认为在消费者收入和其他商品的消费一定的情况下，一个家庭选择住宅区位的原则是在随着城市中心距离的延长而趋于下降的住宅费用和趋于增加的交通费用之间进行“权衡”，并挑选综合费用最低的位置。其基本内容是：假设一个城市位于均质的平原上，就业岗位都位于城市中心，对于中心地的竞争，引起房

---

① 杨云彦：《区域经济学》，中国财政经济出版社 2004 年版，第 106—118 页。

租向城市中心而上升。住户尽可能地靠近工作地居住。住户的收入水平是一定的,这种收入要支付房租费、交通费和其他生活费用。假定生活费用是一定的,那么,当他们迁居时,要用省出的交通费弥补上升的房租费,或用省出的房租费来贴补增加的交通费,但要受家庭总经济收入所制约。因此,低收入者由于经济能力所限,居住的空间选择范围是狭窄的,他必须选择靠近城市中心居住,房子的面积也较小,多为楼房,因而市中心区的人口密度也高。而高收入者居住的空间自由度较大,可以在郊区居住,房子面积较大,多为单一的平房,所以郊区的人口密度较低。

在此基础上,西方经济学家把经济理论用于居住区位问题的研究,创立了著名的权衡理论(Trade Off Theory),该理论认为住宅的最佳区位是通过上下班的通勤费用和城市不同区位的级差地租的比较而确定的。低收入者对通勤费用的支付能力较弱,限制了其对居住地的选择,往往局限于离工作地近的地方,而高收入者具有较强通勤费用支付能力,选择住房区位的自由度较大,在经济规律作用支配下,影响人们对居住空间选择的关键因素是地点和环境,穷人首先考虑地点,富人首先考虑环境。

(四) 市场失灵、政府失灵与社会公平

亚当·斯密指出在完全竞争条件下,“看不见的手”将使私人效益与公共效益相互协调。然而在很多情况下,由于市场竞争的不完全性会导致市场失灵,最主要的有三种情况:不完全竞争、外部性和公共物品。即使市场体系完美运行也有可能导致社会不公平。因此,市场经济本身的这些缺陷和对社会公平的关注成为“政府干预”的经济学基础。市场失灵与社会公平客观上要求政府这只“看得见的手”发挥积极作用,以纠正市场失灵,提高资源配置效率,同时实现社会公平。但是政府干预的结果未必能矫正市场失灵,政府本身也可能失灵。主要表现为:一是缺乏广泛的代表性。在纯粹的市场经济和民主制度下,有钱有势的利益团体的偏好与需求往往会被政府认为相对重要而重点考虑,那些贫穷和处于社会边缘的人以及影响力小的集团的要求则被忽视。二是政府行为的短期化,使得过于注重短期效应而忽视长远利益。三是政府活动效率低下。在城市旧城改造过程中,政府失灵往往表现为社会弱势群体的利益得不到有效保障、拆迁矛盾加剧、规划失控以及对历史街区采取简单粗暴的拆除等短期行为。

三、政治学与政治经济学的理论

(一)城市政体理论

近20年多来,随着西方城市理论的发展,占城市理论主导地位之一的是“城市政体理论”(Urban Regime Theory),它从政治经济学角度,对城市发展的动力——政府的力量(市政府)、市场的力量(工商业及金融集团)和社会的力量(社区)三者之间的关系,以及这些关系对城市空间的构建和重构的影响,提出了一个理论分析框架。城市政体理论包括城市地区不同机构层(地方政府、市民社会和私营部门)关系的性质、质量和目标的总和,涉及中央、地方和非政府组织多层次的权力协调,其中政府、公司、社团、个人行为对资本、土地、劳动力技术、信息、知识等生产要素进行控制、分配、流通的影响是其关注的主要内容。

由斯通(Stone)、罗根(Logan)和莫罗奇(Molotch)所创建的政体理论有两个前提:一是在市场经济下,社会资源基本上由私人(包括私有企业和个人)所控制;二是政府由市民选举产生,代表全体选民的利益。由此政体理论强调处理两方面的关系:一是政府与市民的关系。政府要赢得市民的支持就必须为市民办事,促进城市的发展,提供就业机会,提高市民的生活水平,提高公共服务的质量,改善城市面貌,美化市民的生活环境等。二是政府与私人集团的关系。由于大部分社会资源在私人控制之下,市政府能支配的资源有限。为了得到私人集团的投资,政府需要与它们确立相关的权利分配规则和行为规范。必要时政府还要做出让步,提供优惠条件以满足它们的要求,这样就出现了掌握着权力的政府的“权”和控制着资源的私人集团的“钱”的结盟,称为“政体”(regime)。这种结盟既代表了统治者群体的利益,同时又受制于社会的约束,即来自市民的监督。因为权钱的结盟若是以牺牲过多的社会利益为代价,或者城市发展带来的利益未能被市民所享受,那么市民在选举时可以用改选市政府的办法来拆散现有的权钱同盟,成立新政府。新政府开始会较多地考虑市民的利益,但一旦发现向控制资源的私人集团让步是吸引投资的必要条件,就可能导致新一轮的政体变迁。政体理论的核心就是如何在政府与市民的关系和政府与私人集团的关系之间寻找平衡点。一般而言,由于“权”和“钱”的力量总是大于社会的力量,因此关键是如何加强社会的监督作用,培育社区参与决策的能力。

城市空间的变化也是城市政体变迁的物质反映。对于不同的“政体”结盟形式，“政体”主导者将会实施不同的城市发展战略，从而引起城市空间结构的不同变化。例如，如果商业、零售业及投资于市中心的开发商和市政府结盟，则市中心改造会成为市政府关心的重点。在总投资有限的情况下，城市空间变化会表现出市中心更新，而一般社区面貌不变甚至出现衰退的状况。在这些社区中的高收入者将会外迁，使地价、房价下降，低收入者迁入，替换了原来收入较高的居民，使城市空间发生重组。如果房地产公司、大建筑公司和市政府结盟，则具有市场“卖点”的新开发区会成为市政府的重点，政府将会投资于新区，以建造基础设施吸引更多开发投资，使这些新区成为城市向外扩展的热点。

（二）新马克思主义的理论

新马克思主义（Neo Marxism）出现于20世纪60年代末，西方资本主义国家在经济发展过程中出现了不可调和的矛盾，并且逐渐发展成全球性的经济危机。为了解决存在的矛盾，西方学者对马克思的《资本论》进行了深入的研究，先后提出了“存在主义的马克思主义”、“弗洛伊德主义的马克思主义”、“结构主义的马克思主义”、“新实证主义的马克思主义”、“现象学的马克思主义”以及哈贝马斯的“批判理论”和“新左派”理论等等，这些新的马克思主义思潮被统称为“新马克思主义”。

新马克思主义应用于城市空间结构研究时也被称为“新政治经济学”（Neo Politic Economics），它用社会经济学方法来分析城市空间的发展问题，认为城市空间结构的变化不仅是一个社会经济发展过程，还是一个政治过程。从政治经济学的观点来看，资本主义社会的城市问题是社会矛盾的空间体现，是在经济、政治上有着资本利害关系的城市矛盾现象的一种结果。因此，城市研究理论必须把城市发展过程与社会结构联系起来，应将城市的空间变化、区域空间变化与更广泛的政治经济力量联系起来。20世纪70年代，西方学者应用马克思主义的生产关系理论研究城市居住问题，认为住房是一种商品，是一定形态资本的利润来源之一；住房是工人必需的消费品之一，是劳动力再生产的一个方面；住房供给与资本主义生产方式相联系。住房市场是社会阶级冲突的场所，居住空间的分异与阶级划分、消费方式和社会关系交织在一起，公共住房的空间模式反映了国家的作用。社会和空间关系可以相互解释，资本的动态过程以及国家对劳动力再生产过程的干预是住房问题的关键和城市发展与演变的真正动因，资本积累与阶级斗争的过程决定了城市空间结构形态变化的规模、速度和本质。

该学派还力求解释资本主义经济条件下城市发展中权力运作的问题,证明一个城市物质的地理空间布局,并非自然与市场力量作用的结果,而是各大利益集团人为操作、追求利益的结果。这些因素反映在城市社会经济发展中,表现为同时不可能存在全社会都接受的城市发展方式。城市开发在满足一部分人利益的同时必定损害另一部分人的利益。其中以城市中各阶级的地位表现得最为明显。在社会主义国家,目前表现出来的主要是以财富来衡量人的地位,在城市中他们掌握的城市空间权利也不同。按照这个观点,城市空间配置的实质是城市中各阶级所处地位高低的物质表现。从对居住区的分析中可发现,居住区的分离是阶级分化的物化表现:占统治地位的社会群体占有最优良的用地,而市政府作为统治群体的代表,以提供不同的公用服务设施的方法,认同甚至加剧了居住区的这种分离,从而加深了阶级分化。一旦经济基础和作为上层建筑的公共政策发生变化,新的得益的阶级将替代原先占统治地位的阶级,对城市空间进行重新分配,其表现就是城市空间的重组。因此城市空间的变化是城市中各利益集团关系变动的物质表现。

(三)制度学派的理论

制度学派(Institutional School)起源于以研究美国城市为代表的区位冲突学派和以研究英国城市为代表的城市管理学派。它认为人类行为不是自由的,而是受到各种社会制度的制约。不同的社会制度将代表着不同的利益集团对资源的分配方式不同。不同的利益集团也会运用其所偏好的政策来对资源进行占有和分配。对城市空间结构的演变而言,不同制度背景下的政策制定者将会运用各种城市规划、用地调控、信贷、财政以及收入分配等政策和手段来对其进行干预和影响。从某种意义上来说,这种干预和影响的实质是各种利益群体、机构和集团对城市空间资源的分配和占有之间的平衡和调整。空间不只是由政府或市场所分配的一种有价值的东西,而且具有权力资源的特征,空间资源的分配过程直接反映城市政治过程,如城市居住空间是由不同的利益集团、组织(发展商、地主、房地产机构、金融机构、邻居组织)和地方政府之间的冲突形成的。

四、社会学的理论

（一）社会生态学理论

20 世纪初，以罗伯特、帕克、伯吉斯等为代表的芝加哥学派从人口与地域空间的互动关系入手，探讨了居住的迁移过程。该学派认为，城市的区位布局与人口的居住方式是个人通过竞争谋求适应和生存的结果。人文区位学从形态学的意义上探讨了城市社会结构与空间结构的关系，以及城市空间发展的动态过程，认为人们在社会结构中所处的位置或社会经济特征（通过房地产市场机制）决定了他们在城市空间的区位分布。在古典社会生态学看来，个体或群体居住区位的选择是竞争的结果，因为存在不同的可进入门槛，各社会阶层的空间择居能力和指向各不相同，最终形成居住空间分异格局。芝加哥学派研究表明，在工业化时期的西方移民城市内，特定的生态空间位势将由相对应的社会阶层占据。由于不同的居住空间成为不同社会阶层的身份、地位象征，因此，随着市场自由化发展和住宅自有化的结果鼓励居住空间在经济、权力层次的再分化，而且分化领域扩大至社会文化、生活方式、价值观念，居住区位的迁移和上下流动便成为保持社会地位—空间位势一致性的重要手段。

（二）城市居住空间分异理论

城市居住空间分异和社会区分析研究是城市社会空间结构研究的基础。在发达国家，城市居住空间分异的主要表现为：低收入阶层联合起来接近购买空间，占据地价高的内城地区，过着人口高密度的生活，而高收入阶层有能力独立购买宽敞、舒适的环境空间，占据内城外围相对廉价的地区，过着人口低密度的生活，产生城市居住空间分异。总体上看，城市诸多社会因素分异都表现在居住空间分异上。对城市居住空间分异的研究，社会区分析最为典型。它用多变量分类的方法，按照人口普查的分类内容进行类型特征分析与分类，最终将它们转换为多变量空间单元分类图。[①] 在史云奇（Shevky）、威廉（Williams）、贝尔（Bell）归纳出的影响城市社会空间分异的主要因素，即经济状况、家庭状况及种族状况的基础上，西方学者做了大量研究，比较有特色的是默迪（Murdie）提出的一种具有叠加特征的城市社会空间结构模型，认为社会经济状况使得社会区呈现

① 刘玉亭：《转型期中国城市贫困的社会空间》，科学出版社 2005 年版，第 45 页。

扇型结构,家庭状况对社会区的影响多呈同心圆,种族状况的影响呈分散状(图 3-1)。

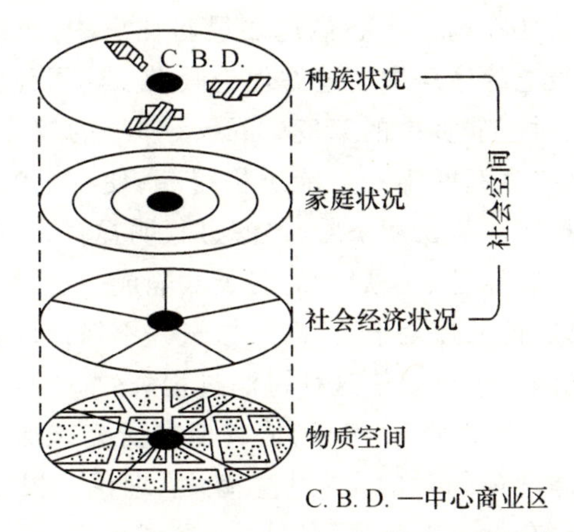

图 3-1　默迪(Murdie)城市社会空间结构模型

资料来源:刘玉亭:《转型期中国城市贫困的社会空间》,科学出版社 2005 年版,第 46 页。

西方国家实行的是高度的市场经济,有发育完善的住宅与土地市场;与西方情况迥然不同的是,我国正处于新旧体制转轨时期,房地产市场发育得很不成熟,社区模式多保留有 20 世纪 80 年代以前的行政干预下的公平居住格局,虽然也存在一定程度的社区分异,但是具有自己的特点。对西方国家城市社会空间形成起重要作用的几种主因子在我国城市中并不具备起作用的条件,从建国后到改革开放这段时期,我国城市社会空间结构总体上受三种因素的制约:一是城市发展的历史因素,二是城市功能布局规划,三是单位建房分房的住房制度。①

(三)过滤理论

"过滤"又称"向下过滤",主要从家庭的收入对居住区位选择的影响进行分析,模式以高级住宅区的发展而展开,认为现有的住房会逐渐过时或衰落,上层阶级人员为了维持他们的地位不断购买新建的高级住宅,新建的住宅一般围绕市中心向外扩展,为此他们会逐渐外迁。在向外迁居的过程中,留下的空房子将被低收入的住户所占用。最后,市中心最旧的住房就由最贫困的家庭居住,直到市中心的住房被拆除,成为中心商务区

① 艾大宾、王力:《我国城市社会空间结构特征及其演变趋势》,《人文地理》2001 年第 16 卷第 2 期,第 9 页。

的一部分。其结果是房子向低收入住户过滤，而高收入人口则向高级住宅区过滤。一个家庭的收入越高就越愿意住离市中心远的地方。这样，收入最高的家庭就住在离市中心最远的最新住房中，而最贫困的家庭就住在靠近市中心最老的住房中。过滤理论假设家庭居住区位选择取决于收入条件的不同，对于最贫困的家庭，当迁入邻近的较好的房子内时，由于租金的增加，这些家庭并不一定能负担得起，使得过滤不能发生，从而使住房变得更加拥挤。从长期来看，过滤过程明显存在，如在美国的一些城市，一些过时的、曾经是富人居住的房子被隔成平房、婴儿间，该地区也不再是高级居宅区；但从短期来看，高级住户并不像该理论所描述的那样具有流动性，文化因素也可以使这种过滤过程失效。

"过滤"理论是20世纪20年代，伯吉斯在研究芝加哥住宅区位格局时发现的。与过滤理论相对的是"过滤淘汰"理论。根据马修·埃德尔(Mathew Edel)的"有效出价曲线"的研究，在城市更新以前，低收入水平家庭与其他人比起来，更加依赖于市中心，因为往返于市郊之间的昂贵交通费用会削减他们的住宅标准和其他生活花费。但是城市更新以后，旧城的环境改善，地价被抬高，低收入居民被迫重新选择居住地点，呈现出与"过滤"过程相反的情况。西方50—60年代的实践表明，"过滤"的结果必然使旧城的环境改善，从而导致房租上涨，贫民家庭由于付不起上涨的房租而使居住条件更加恶化，最后政府不得不专门建造租金低廉的住宅来供他们使用。这便会带来一定程度的"过滤淘汰"。可见，实际上这两种情况并不是针锋相对的，他们都说明了问题的某个方面，城市改造往往使这两种情况并存。[①]

（四）家庭生命周期理论

1955年，罗西(Rossi)通过对丹佛迁居的研究，提出了家庭生命周期理论。他将迁居原因分为主动和被动两种，前者是因住房被拆或收回，后者是为满足家庭规模增大而引起的对住房的需求。通过深入分析家庭生命周期的变化与迁居的关系，他认为"生命周期循环会造成家庭结构变化，进而造成住房需求，而迁居的主要功能是通过调整家庭住房来满足这种需求"。他还对不同阶段家庭人口变化与迁居的关系进行了分析，认为每个人一生中一般将发生3—5次的迁居，即成长、离开家庭、结婚、有孩子及年老，而15至25岁是一个移动最集中的阶段。1960年，阿贝努胡德

---

① 叶东疆：《旧城改造中引发的社会公平问题》，《城乡建设》2003年第4期，第65页。

(Abu-Lughood)和费利(Foley)建立了一个模式,把住宅位置与住户在家庭生命周期中所处的阶段联系起来,提出了家庭生命周期不同而引起居住需求变化,最终导致处在类似生命周期的家庭表现出同心圆的分布特征。如结婚不久的夫妇,首先租借城市中的公寓,有了孩子以后租借郊区的单一平房,最后是在城市边缘买自己的住宅。这个向外运动的模式,形式上与过滤、入侵演替模式相同,但运动的原因不同。贝尔(Bell)从家庭生活方式角度对迁居进行了分析,提出生活方式说。他把居民家庭划分为家庭型、事业型、消费型和社区型四类,认为每种类型的家庭在迁居中都有明显的区位指向,如家庭型的迁居主要是由于孩子的需要,事业型家庭主要指向靠近工作地、体现优势身份特征的居住区,消费型家庭主要指向市中心附近,社区型家庭倾向于同类型家庭集聚等。克拉克和奥纳卡(Clark and Onaka)提出了一种比较综合的迁居模型。在综合各方面研究的基础上,他们将迁居原因系统地分为自发型和强制型两大类。前者是指住房为了改善居住环境、适应生活方式等方面的变化而导致的主动迁居;后者是指住房破坏、住房被占、离婚、家庭等原因引起的被动迁居。虽然被动迁居比较重要,但大多数居民和家庭都是主动迁居。主动迁居动机又分为调整动机和诱发动机。调整动机中,居住单元的特征如空间大小、质量、住宅设计、费用及由租住到拥有的期望等是最为重要的因素,而邻里特征如自然环境、社会构成及公共服务等,易达性如工作地、购物、上学、会友等是相对次要的因素。诱发动机如就业包括工作变化、退休以及在家庭生命周期的不同阶段对迁居选择不同。

(五) 社会网络理论

马克思认为,人是社会的人,不可能脱离社会关系而存在。人的居住区位选择也往往受社会网络影响。现代主流社会学家将社会定义为一种结构:一个由相互联系的制度构成的可辨别的网络。这样,亲戚网、朋友网、群体和制度性复合体作为连接各层次的人的子网络,进一步联系成大的社会网络。个人、家庭、组织、机构都可以看做是网络中的节点。社会支持网络是“大的社会网络中个人可以从中获得帮助以满足需要和达到目标的那个部分”。由于社会支持网络是以感情为基础的,成员之间自愿提供帮助,所以包括家庭、亲友、邻里、工作群体等在内的成员是个人社会支持网络中的主要节点。社会网络同时也形成了一个人的社会资本的大小。正是由于社会网络对人的重要性,人们在选择居住时常常受社会网络的限制,不愿到网络以外的地区居住。其中,不同阶段又有所差别。许多研究表明，老人、穷人、有孩子的家庭主妇往往受自身能力和经济条件的限制，社会活动空间较小，更多地依赖于位于住地附近的社会联系。也就是说，他们尽量就近就业，主要使用附近的公共设施和依赖于当地所能提供的服务，依靠邻近居住的亲友提供帮助。

第二节　社会分层理论

所有社会都存在一定的社会分层体系。在社会分层的理论中，一般认为卡尔·马克思和马克斯·韦伯(M. Weber)提供了两种不同的，但是最基本的理论模式和分析框架，即人们所熟悉的阶级理论和多元社会分层理论。这两个理论模式和分析框架对社会分层的本质、决定要素、形式等分别做出了不同的理论解释，代表了两种在本质上不同的理论取向，不仅给后来的社会分层研究以极大影响，而且在某种意义上可以说，今天的理论及相关研究基本上还是在这两个理论的框架内发展。[①] 侯钧生等则提出不能简单地将马克思的阶级理论和韦伯的多元分层理论作为社会分层研究的两种基本理论模式，而可以将西方有关社会分层的理论范式大体划分为两类，一类是功能论范式的分层理论，一类是冲突论范式的分层理论。[②] 功能论的社会分层理论认为，社会不平等是不可避免的，社会分层是满足社会需要的必然存在，每一个社会都会因需要整合、协调和团结而产生社会分层；社会分层反映了社会的共享价值观，提高了社会与个人的功能；经济结构不是社会中的主要结构，权力在社会中是合法分配的，工作与报酬是合理分配的；社会的阶层结构经由社会变迁而改变。在功能论范式的框架中，最早对社会分层进行论述的是涂尔干(Durkheim)。他从社会有机体的整体出发，论述了社会分化和劳动分工对于社会团结的重要性。戴维斯(Kingsley Davis)、摩尔(Wilbert Moore)、帕森斯(Talcott Parsons)等人发展了功能论范式的社会分层理论。冲突论的社会分层理论认为，社会分层虽然是普遍存在的，但并非不可避免；竞争、冲突和征服产生社会阶层，并因此阻碍了社会和个人的功能；经济结构是社会结构中的主要结构，权力被社会中的一小部分人所控制，工作与报酬分配是

---

① 李路路：《论社会分层研究》，《社会学研究》1999 年第 1 期，第 101 页。

② 侯钧生、韩克庆：《西方社会分层研究中的两种理论范式》，http://www.sociology.cass.net.cn/shxw/shjgyfc/P020040429575612509384.pdf。

不合理的;社会阶层的改变是经由革命来完成的。社会分层的冲突理论以马克思的阶级理论和韦伯的阶层理论为典型代表。达伦道夫(Ralf Dahrendorf)等人则进一步发展了冲突论范式的社会分层理论。而伦斯基(Lenski)基于对前工业化与工业化社会不平等的分析,认为功能论与冲突论的观点都有一定的道理,两者应该结合起来才能做更准确的分析。他认为必须以历史眼光看待社会分层,在前现代社会,物品和服务主要是根据需要分配给社会成员,权力与社会报酬没有多少关系,而在现代社会权力在形成分层体系方面起到了非常重要的作用。[①]

社会分层理论伴随着社会学研究的不断深化而不断发展,当代西方社会分层理论的发展已经逐步打破简单的功能论或冲突论的范式藩篱。关于马克思和韦伯的理论模式,在社会分层的研究中已成为经典,但随着现代化的发展和研究的进展,人们往往会重新审视这两个基本理论模式。如前所述,本书关于社会分层问题的研究主要在于旧城改造、社会变迁的过程中,城市社会阶层结构的变化以及这种变化对特定社会体系的影响。因此,出于研究的需要,本书以传统的马克思和韦伯的理论以及新马克思主义、新韦伯主义的社会分层理论作为研究的基础。

一、马克思主义及新马克思主义的社会分层理论

马克思的阶级理论认为社会地位的不平等根源于社会的物质生产方式,其实质是以财产关系为核心的生产关系。在此基础上形成了最基本的社会地位和社会不平等,即阶级地位——有产阶级和无产阶级,阶级不平等——统治阶级和被统治阶级。自原始公社解体以来,人类社会的历史就是阶级斗争的历史。因此,阶级理论被认为是一种“关系”的理论。关系在这里被定义为以财产关系为核心的生产关系,即在生产过程中基于对生产资料的占有关系而形成的雇用与被雇用、统治与被统治、剥削与被剥削的不平等关系。阶级理论主要是解释性和分析性的,它更多的是分析社会不平等产生的根本原因。其理论分析的基点在于社会成员与社会资源的关系性质以及在此基础上产生的不同社会阶级之间的关系性质。[②]

奥林·赖特(Erick Olin Wright)是新马克思主义的主要代表人物。

---

① 刘玉亭:《转型期中国城市贫困的社会空间》,科学出版社2005年版,第42页。

② 李路路:《论社会分层研究》,《社会学研究》1999年第1期,第101页。

赖特认为,阶级仍然是社会结构中具有重要意义的要素,但是,阶级不能被简化地定义为某种职业分类,而是一种社会关系,是指一种控制资本、决策、他人工作和自己工作的社会关系。如果对资本主义阶级结构的分析局限于生产资料的所有权,那么所有阶级结构只有三个位置:资本家、工人和小资产阶级(petty bourgeoisie),这些"小资产阶级"或中间阶级包括所谓"管理阶层"、"白领阶层",或如赖特所说的"半自主雇员"。在马克思的阶级理论中,争议最大的问题之一,即是关于他们的阶级地位问题。他们希望在马克思主义的框架内,对发达资本主义社会的阶级结构进行严格的调整,重新定义阶级,分析不同国家的阶级分布、阶级和职业流动模式、在家庭和工作中的阶级结构和劳动分工、收入不平等、阶级地位及阶级意识等问题,就马克思的阶级结构概念发展出一种令人满意的操作化形式。赖特的阶级结构模式的特点就在于通过对生产领域中的权威和技术或技能的占有的阐述,有效地廓清了雇员中的"中产阶级"。从"权威"的角度来看,管理人员和监督人员在阶级关系中处于矛盾的阶级位置上,既可以被看做是工人阶级,又可以被看做是资产阶级:他们像资本家那样统治工人,像工人那样在生产中被资本家控制、剥削。在权威等级中的位置越高,资本利益就越多。这样,高级经理,尤其是大公司的总经理就非常接近于资产阶级,而下层经理、监工的阶级特性更与工人阶级接近。区分他们阶级位置的另一个标准是其收入与侵占剩余价值的关系。由于处在生产组织中管理阶层的位置,使他们能够以相对高收入的形式占有一部分社会剩余,这种侵占剩余的特殊机制可以看成是一种"效忠费用"(loyalty rent)。而让他们这样做的原因,一方面是为了让他们能以有效而又负责任的方式行使权力,另一方面也是为了激励他们产生创造性的行为。

对雇佣人员阶级划分的另一条轴线是所持有的技能和专业技术。由于在劳动力市场的稀缺性,使得拥有技能和专业技术的雇佣人员在签订劳动合同时就有了一份特殊的权力,因而在阶级关系中确立了一个独特的位置。像经理人员那样,持有高水平技能和专门技术的雇员,在剥削关系中潜在地具有占有剩余价值的有利位置,正是这种位置使他们与一般工人区分开来。这样赖特通过在资本主义财产关系中加入在权威等级中的位置和对稀有技术与专业技术的拥有这两个变量,就得到了阶级位置图,从而廓清了雇员中的“中产阶级”。[①]

二、韦伯主义与新韦伯主义的社会分层理论

与马克思的关注点并不一致,韦伯的分析是一种多元分析模式,认为一个社会具有经济、政治和社会三种基本秩序,所以就产生了根据经济标准(wealth,财富)、政治标准(power,权力)和社会标准(prestige,威望)区分人群的三位一体的分层标准系统。所谓经济标准是指社会成员在经济市场中的生活机遇;政治标准是指个人或群体控制或影响他人的能力;社会标准是指个人在所处的社会环境中所得到的声誉等。韦伯主义传统虽然与马克思一样强调经济因素,但是他对阶级划分的主要依据是人们在市场中的能力或市场权力,阶级(阶层)分类的基本构架是职业结构。安东尼·吉登斯(Anthony Giddens)、弗兰克·帕金(Frank Parkin)和约翰·戈德索普(John Goldthorpe)是阶级阶层理论坚持韦伯主义传统的重要代表人物。

吉登斯认为人们的市场能力包括三方面的因素:一是生产资料的占有状况;二是教育和技能资历的拥有状况;三是体力劳动能力。但是他并没有对阶级划分提出一个系统的分类框架。其他一些新韦伯主义者则从职业位置的角度来分析人们在市场中获取资源的能力。帕金在《阶级不平等与政治秩序》中,批评了那种将年龄、性别等作为分层维度的泛多元分层观,认为职业是阶级结构的支柱,不平等与社会结构之间的关系表现在两个相互交织的过程中:不同社会位置上的报酬的分配过程以及对占据不同社会位置的人的选择过程。现代工业社会的职业结构不仅构成社会分层维度的主要基础,而且还将不同的社会制度与社会生活领域联系起来。社会声望、政治权力、家庭收入都同样根植于职业之中。在对待阶层划分与不平等之间的关系时,帕金着重解释的是不同职业阶层之间的报酬不平等问题,认为那些在市场上适销对路的专业技能(marketable expertise)所表现的“市场能力”是职业报酬和阶级不平等体系中的一个关键因素。而财产权利是西方资本主义社会另一个不平等的来源。那些得到很好的职业报酬的人,可以将个人的剩余当作投资来获取财产性收入,这样,职业结构就与财产权紧密地联系起来了。由财产权产生的不平等

---

① 郑杭生、刘精明:《转型加速期城市社会分层结构的划分》,《社会科学研究》2004年第2期,第103—104页。

不仅通过继承，而且更主要的是通过对来自职业收入所积累的财产的投资而进一步得到强化。不过，职业等级并不等于阶级等级。职业报酬在职业序列中具有连续性，而真正的阶级等级则在体力工人与非体力工人之间存在明显的分界线。这不仅体现在收入方面，还包括医疗、工时测定、节假日的享受等方面。在现代资本主义社会中，教育体系、保护财产与市场运作的法律和社会制度安排，它们是支持现有的不平等、保持支配阶级特权的工具。

戈德索普的阶层划分同样是根据职业标准。戈德索普的研究主要不在阶级分析而在于社会流动。为了进行社会流动的经验研究，他运用韦伯关于阶级理论的一些原则，设计了一个以职业为标准的分类框架。在与洛克伍德（David Lockwood）一起共同研究英国的富裕工人阶级时，洛克伍德提出了依据市场状态、工作状态和身份状态来确定人们的阶级位置的构想。市场状态就是人们在劳动力市场中获得的收入、就业保障和附加利益等；工作状态指的是人们工作的自主性和组织管理权威中的位置，以及工作中的技术要求；身份状态是指社会对其的评价。戈德索普的分类框架所力图体现的就是这样一种职业阶级与社会阶级、等级阶级与关系阶级的结合，并且把体力劳动者与非体力劳动者之间的区分作为最基本的社会分割，建立了工业资本主义社会阶级结构：公务人员阶级（service class）、工人阶级以及由底层非体力雇员和小业主组成的中间阶级（intermediate class）。

第三节　城市管治理论

20 世纪 90 年代以来，随着冷战的结束和经济全球化程度的加深，发达国家与发展中国家都在经历着巨大的经济、社会等体制转型，城市尤其是大城市在不断发展的同时也面临一系列的社会问题和环境问题。对于这些问题，各国政府都做出了大量努力，但是由于政府失灵、市场失灵的原因，单纯的市场机制与单纯计划体制一样都不能很好地予以解决。在这样的背景下，近年来，作为一种在政府与市场之间进行权力平衡再分配的制度性理念，同时兼顾多方群体的利益与社会公平问题，城市管治已经愈来愈成为全球性的共同课题。[①]

从理论角度而言，顾朝林认为，西方国家的城市管治框架是建立在管理理论之上的。[②] 西方第一代管理理论，是以“经济人”假设为基础和前提的“物本”管理。它认为人是经济动物，只要满足人对金钱和物质的需求，就能调动其积极性。其管理理论的特点是见物不见人，重物轻人，把人当作工具、物来管理，对人实行物质刺激和金钱激励。第二代管理理论是以“社会人”假设为基础和前提的“人本”管理。人们对物质方面的兴趣开始淡薄，而对人的创造能力的关注日益增长。作为人的最高需要的自我实现正成为西方人追求的重要目标。要实现这样的目标，就要挖掘人的潜力，发挥人的创造能力和智力，把人塑造成“能力人”。据此，大力开发人力资源，充分调动人的智力因素，培养和发挥人的工作能力，营造一个能发挥创造能力的环境，成为新一代管理理论的重点。基于这样的思路，以“能力人”假设为基础和前提的“能本”管理发展成为西方第三代管理理论。“经济人”、“社会人”和“能力人”的塑造也就成为西方国家的城市管治的理论基础。

沈建法认为在全球化的时代，资本和人才流动性很高，世界各地的竞争日益加剧。许多城市采用创业型的政策来加强城市竞争力。城市管治也从管理型向创业型转变，使城市管治问题变得更加复杂。通过探讨城市政治经济学与城市管治的关系，认为城市管治是对各种社会经济关系的一种调整，城市政治经济学是城市管治的理论基础。[③]

对城市管治的研究重要的是对其内涵的研究，然后在城市发展中知道城市管治的内容以及怎样进行城市管治。从城市管治的内涵而言，顾朝林认为，城市管治的本质在于用“机构学派”的理论建立地域空间管理的框架，提高政府的运行效益，从而有效地发挥非政府组织参与城市管理的作用。[④] 它强调的是城市政府和其他社会主体，管理者和被管理者之间的权力分配与平衡对城市管理的重要性，以及城市管理主体的多元化。更明确地说，城市管治就是在城市管理过程中，政府管理权限下放，通过

---

① 石楠、姚鑫：《中国城市管治研究回顾和展望》，载顾朝林，沈建法等编著：《城市管治——概念·理论·方法·实证》，东南大学出版社 2003 年版，第 14 页。

② 顾朝林：《发展中国家城市管治研究及其对我国的启发》，《城市规划》2001 年第 25 卷第 9 期，第 14 页。

③ 沈建法：《政治经济学与城市管治》，载顾朝林、沈建法等编著：《城市管治——概念·理论·方法·实证》，东南大学出版社 2003 年版，第 32 页。

④ 顾朝林：《发展中国家城市管治研究及其对我国的启发》，《城市规划》2001 年第 25 卷第 9 期，第 14 页。

多元主体的空间交叉管理，实现城市的良性发展。在许多范式中，管治包括政府、私营部门和市民社会，涉及它们之间关系的性质、质量和目标等的总和。这些关系又可以分解为正式的和非正式的结构和规则等诸多方面。也就是说，城市管治涉及中央、地方和非政府组织多层次的权力协调，其中政府、公司、社团、个人行为对资本、土地、劳动力、技术、信息、知识等生产要素控制、分配、流通的影响都是研究的内容。

仇保兴认为，城市管治的内涵可以概括成五个方面：一是城市权力中心的多元化。城市公共设施不是政府单一来投资建设，而是许许多多的外来投资者、社会团体都可以建设管理城市。因此，城市开发、建设和管理权力中心的多元化日益明显。二是管治的过程是将原由政府独立承担的责任转移给社会团体和企业。这样，解决城市经济和社会问题责任界限就模糊了，因此，政府要尽可能让渡权力于社会团体和企业。三是涉及集体行为的各种社会公共机构之间存在着权力依赖关系。凡是与市民集体行为有关的所有的社会团体，相互之间是依赖的、促进的，这就导致了在城市发展的大目标，大家的目标是趋同的。但另一方面，不同人群、团体机构利益又是多元化的。因此，要通过有效管治将利益多元与目标趋同结合在一起。四是城市各种经营主体自主形成多层次的网络，并在与政府的全面合作下，自主运行并分担政府行政管理的责任。每一个层次都有自组织的特性，要把它们发挥好。五是政府管理方式和途径的变革。政府只管市场解决不了的、管起来不合算的、不愿意管的事。把政府规模搞得很小、很精简、很省钱，这与更好地为市民服务的宗旨是完全一致的。[①]

陈福军认为城市管治的内容至少可以分为三个层次：一是治理结构，指参与治理的各个主体之间的权责配置及相互关系。如何促成城市政府、社会和市场三大主体之间的相互合作是其要解决的主要问题。为此，需要将“市民社会”引入城市管理的主体范畴，进行“合作治理”。二是治理工具，指参与治理的各主体为实现治理目标而采取的行动策略或方式，强调城市自组织的优越性，强调对话、交流、共同利益、长期合作的优越性，进行“可持续发展”。三是治理能力（公共管理），主要针对城市政府而言。是指公共部门为了提高治理能力而运用先进的管理方式和技

① 仇保兴：《城市经营、管治和城市规划的变革》，《城市规划汇刊》2004 年第 28 卷第 2 期，第 17—18 页。

术。[1] 在三个层次中,治理结构强调的是城市管治的制度基础和客观前提,公共管理是治理主体采取正确行动的素质基础和主观前提,而治理工具研究的是行动中的治理,是将治理理念转化为实际行动的关键。而城市政府的治理工具是城市管治理论的应用核心。

城市制度也是城市管治研究的一个重要对象。制度理论认为制度是价值、传统、标准和实践的主流系统形成的或约束的政治行为,制度系统是价值和标准的反映,其最核心的观点是制度交易成本与实际资源使用的关系,即制度交易成本的发生和演变是为了节约交易成本。城市管治也涉及制度交易成本,因此在城市管治中如何构建有效的管治模式,发挥非政府组织参与城市管理,提高政府运行效率,是城市管治研究的重要内容。

调节理论认为国家的作用就是使社会过程、机制和制度合法化,其中社会过程、机制和制度是用来调节生产和消费特定的关系。根据调节理论的论述,地方政府既是调节的制造者又是调节的产物,并且在全球和地方层次,地方政府在创造新的社会、经济和文化的关系中将起更为积极的作用,因此城市管治也是一定地区各种政治、市场、社会调节的联系。

勃伦那(Brenner)扩展了对城市管治的理解。他将城市管治与全球化联系起来,并扩展到全球城市空间,认为由于全球化导致了城市空间的重构,城市管治要体现的不只是要提高政府的运行效率,而且要体现管理的弹性、区域经济的协调发展和全球城市的空间竞争。

此外,城市管治不仅仅是一个管理的概念,也具有空间的意义。城市管治的空间意义是"以空间资源分配为核心的管治体系"。城市地域空间是城市一切社会经济活动的载体,从个人的日常生活到城市行政区划调整,都是以城市地域空间为基础,对城市空间的管治就是为了合理配置城市土地利用和组织社会经济生产,协调各社会发展单元利益,创造符合公共利益的物质空间环境。

---

[1] 陈福军:《城市治理研究》,东北财经大学博士学位论文,2003 年,第 10 页。

第四章
旧城改造对城市社会空间结构的影响

第一节　城市社会空间结构研究进展

城市社会空间结构一直是现代西方城市社会地理学研究的主要内容之一。城市空间结构是城市的政治、经济、社会、文化生活、自然条件和工程技术在空间上的综合反映，也是城市经济进一步发展的基础。城市发展的过程表明，城市社会、政治、经济发展的变化必然伴随着城市空间结构的变化，主要是指土地利用空间结构及其动态变化。

城市发展的历史表明，城市的各种政治、经济、社会活动等等最终都会反映到空间形态上，城市经济发展伴随着空间结构的变化。城市空间结构既是城市经济运行的结果，又是城市经济进一步发展的基础。优良的城市空间结构会产生良好的经济效益、社会效益和环境效益，使城市土地资源的配置效益最大化，社会资源最有效地被利用。因此，如何最佳、最有效地使用城市土地，形成合理而有机联系的城市空间结构，就成为人们关注的重要问题。对城市社会空间结构的研究，最丰富的研究成果最初也主要集中在基于土地利用的城市社会空间结构模型等方面。根据欧阳南江等人的总结，20 世纪 20 至 50 年代为城市社会空间结构系统研究的起步阶段。[①] 芝加哥学派的伯吉斯(Burgess，1925)提出的同心圆模式，

---

① 欧阳南江：《20 年代以来西方国家城市内部结构研究进展》，《热带地理》1995 年第 3 期；杨永春：《西方城市空间结构研究的理论进展》，《地域研究与开发》2003 年第 22 卷第 4 期；冯健：《转型期中国城市内部空间重构》，科学出版社 2004 年版。

主要描述城市由中心向外围土地利用模式的功能分异。认为城市空间结构是不同用途土地围绕单一核心，有规则地从内向外扩展，形成圈层结构。在城市人口的增长导致城市区域扩展时，每一个内环地带必然延伸并向外迁移，入侵相邻地带，产生土地使用的演替，但并不改变圈层分布的顺序。贺伊特（Hoyt，1939）对此提出了质疑，并提出了扇形模式，证明各类城市居住用地趋向于沿主要交通线路和自然障碍最少的方向由市中心向市郊呈扇形发展。哈里斯和乌曼（Havris and Ullman，1945）则提出多核模式，强调随着城市的发展，城市中会出现多个商业中心，其中一个主要商业区为城市的主要核心，其余为次核心。这些中心不断发挥成长中心的作用，直到城市的中间地带被扩充为止，而在城市化过程中，随着城市规模的扩大，新的极核中心又会产生。同心圆模式、扇形模式和多核模式并称为三大经典模式。而且由于他们在研究中采用了一些诸如竞争、优势、入侵、演替等生态学的概念，因此又被称为生态学派。此后，三大经典模式不断被验证和修正，新的城市社会空间结构模式不断出现，如迪肯森（Dikinson，1947）的三地带城市说、曼（Mann，1965）的同心圆—扇形模式、埃里克森（Erichsen，1954）的折中式结构主义模式等。

这一时期的另一研究重点是关于城市社会空间的分异，包括土地利用功能、人口学特征、经济特点、社会福利状况等在城市不同地区的差异情况。史云奇（Shevky）、威廉（Williams）、贝尔（Bell）从众多因素中归纳出经济状况、家庭状况及种族状况是刻画城市社会空间分异的主要因素。并指出，随着城市专业化及工业化水平的提高，城市人口的职业将不断分化，人们的社会地位、经济收入、生活方式、消费方式、对居住环境的要求也进一步分化。

20世纪50至60年代，计量革命导致复杂数学方法的应用。对城市土地利用的研究已不仅限于考察不同土地功能利用的差异，而进一步深入到对同样功能用地间差别的研究上。对城市商业土地利用研究较多，一是刻画商业中心的特点包括功能和区位，如盖提斯（Getis）证明了商业零售总额随着离市中心的距离增加而减少；二是研究商业中心的地域结构，如贝里（Berry）指出城市商业中心与作为服务中心的城市功能类似；三是确定商业中心的吸引范围，如哈夫（Huff）和赖利（Roilly）运用重力模型提出了计算城市中同一等级商业中心吸引范围的概率公式。对城市居住用地从建筑的物质特征、住户的社会经济特征出发来研究居住用地的空间分布，如唐纳（Tanner）、夏洛特（Sherot）和纽宁（Newling）从人口密度空间差异着手研究城市土地利用的特点，纽宁还提出城市不同发展阶段的城市人口密度变化模式。还有一些学者如劳瑞(Lorry)、汉密尔顿(Hamilton)、戈登博格(Goldberg)探讨影响城市内部工业的区位差异。阿朗索(Alonso)将新古典经济学的土地经济学、地租理论引入城市空间结构的研究,探讨完全竞争下地租与土地利用的关系,提出城市土地利用的解释性模型。这一时期因子生态研究(Factor Ecology Study)方法开始兴起,采用多指标、多样本、因子分析寻求城市社会空间分异的主要因素,并研究这些因素的空间差异。

20世纪60至70年代的行为学派,强调对个体人的研究。对城市社会空间结构的研究分成了两个流派。一是研究与空间格局、空间过程相关的个体决策行为,其倡导者为普雷德(Pred)。主要研究城市内部人口迁移,如布朗和莫尔(Brown & Moore),以及消费空间行为,如凯特瓦拉德拉(Cadawallader)、费灵顿(Fingleton)和希格思(Higss)。二是强调人的思维特点,主要研究城市意向空间,如林奇(K. Lynch)。

在70至80年代中期形成了行为主义、人文主义、结构主义等研究方法和研究范式。行为主义运用统计学方法对被研究者所具有的共同感应特征进行分析,强调对现实状态下空间行为的研究,探讨城市居民的个人行为和感受与空间的相互关系及其对空间的塑造;人文主义学派则认为对一切事物的诠释都基于人的思想、感情与经验,以人作为出发点,强调空间差异性;结构主义将城市视为"社会空间统一体"(The Socio-spatial Dialectic),认为城市空间与社会经济过程是相互作用与反作用的辩证统一,把空间问题置于社会、政治背景之中,将对空间的解释建立在社会体系结构层面上,并成为城市社会空间结构研究的基本指导理论之一。近30年来,大量学者的不懈探索使其在理论上不断取得进展,其中以新马克思主义学派(又称结构学派)和新韦伯主义学派(又称制度学派)最具代表性。新马克思主义学派认为,决定城市空间结构的是深层的社会经济结构,其研究重点在于资本主义生产方式对城市形态及发展的制约,以卡斯特斯(Castells)和哈维(Harvey)为代表。他们对社会阶级、种族与空间关系发生了浓厚兴趣,差异与不平等、社会极化、种族隔离等的空间表现及其引发的居住空间分异等成为研究的热点。新韦伯主义学派从社会制度的角度解释城市内部结构的特点,侧重于研究城市住房市场,如邓肯(S. S. Duncan)和科比(A. M. Kirby),以及城市不同管理决策者对城市空间格局的影响,如安布罗斯和柯勒尼特(Ambrose and Collenutt)、加里(Carey)、约翰逊(Johnston)。他们还关注城市的阶级冲突问题,将阶级、公正概念引入城市内部结构的研究,认为城市的许多问题源于不同阶级、阶层间的不平等,并研究城市社会经济状况对不同阶层的影响,如雷克斯(Rex)和莫尔(Moore)对住房阶级(Housing Class)的讨论、桑德斯(Saunders)探讨社会地位和权利对城市空间的影响、帕尔(Pahl)的城市经理(Urban Managers)学说等等。新马克思主义学派认为新韦伯主义学派缺乏对社会结构的深层分析,相反,后者则认为对城市空间结构产生影响的是多元的社会制度,而非抽象的"超结构"。但不论是社会结构还是社会制度,两者在城市空间结构研究中都贯穿了对政治经济要素的分析,从而开创了当代西方城市空间结构研究的新纪元。[①] 诺克斯(Knox)作为研究国外城市社会地理的集大成者,1982 年他在《城市社会地理学导论》(*Urban Social Geography: An Introduction*)一书中系统地介绍了城市社会地理研究的方法、经济变迁对城市生活的影响、城市社会空间分异的模式、空间和体制框架、居住移动和邻里变化等。在"城市变化和冲突"一章中,他认为贫困阶层的空间隔离和社会极化是城市社会地理学最重要的一个研究主题。

在 20 世纪 80 年代中期以后又形成了后结构主义和后现代主义。在文化价值、生态耦合以及人类体验等深层次上,关注城市文脉连续以及空间结构梳理,文化回归的思潮使得文化价值分析、伦理分析情感分析等非物质的分析方法被引入到对城市社会空间结构的解释,城市空间结构解释性研究取得了一定进展,同时,对于城市商业、居住、工业、交通,以及城市中心区、城市边缘区、郊区化等的研究都获得了很大进展。城市空间结构研究重点逐渐转入信息化对人类聚居行为、生态环境的影响等方面。80 年代以后,以高级服务业的扩散化和多中心化发展为特征的"新郊区化"得以发展,城市蔓延发展较快,城市内部产业的扩散与多核心城市结构相结合成为研究热点,新的研究方向、新技术和新方法在城市内部空间结构的研究中得到广泛应用。一系列城市社会地理学理论著作与教材的出版,标志着对城市内部空间结构研究的理论体系走向成熟。

90 年代后,城市空间结构进一步向区域化、信息网络化方向发展,在人本主义思潮的影响下,不同学者开始运用时间地理学的方法进行居民出行和社会空间的研究,体现出一种人文关怀,不断关注人们的购物、休闲空间和生活质量。学者们还对 21 世纪自然—空间—人类融合的城市空间结构的研究逐渐强化,如所谓的生态城市、山水城市等。同时,随着

① 殷洁、张京祥、罗小龙:《基于制度转型的中国城市空间结构研究初探》,《人文地理》2005 年第 3 期,第 60—61 页。

对新经济环境评价的研究,城市空间结构研究重点进一步转向城市空间结构机制,并且由一国一地研究转向跨国、跨区域研究。在不断变换视角的过程中,试图阐明新经济环境下城市空间结构可能带来的新影响和新变化。随着知识经济逐步步入人类社会,研究知识经济社会的发展规律及其对未来城市空间结构的影响将成为西方学术界的发展方向,如信息城市及其空间结构研究等。[①] 通过借鉴新古典经济学、行为科学、人类生态学和辩证唯物主义的诸多理论方法,运用因子生态分析、绘制城市意象地图、问卷调查和统计分析、系统分析、行为分析等方法,对城市社会空间进行了大量的研究。

从国内对城市社会空间结构的研究来看,20 世纪 80 年代初才开始介绍国外关于城市社会空间结构研究的一些概念,相关研究只在个别城市进行,研究理论主要来源于新古典经济学、行为科学、人类生态学等的理论。在引进西方城市社会空间结构研究理论与方法的基础上,还在一些领域内进行了实证研究,研究内容集中在社会区划分、城市感应空间、人口迁居、城市环境质量等方面。直到 1995 年,我国城市社会空间结构研究取得了一定的进展,城市形态和用地空间扩展研究开始起步。1996 年以来,社会转型和经济转轨使得城市社会问题和矛盾越来越突出,诸如失业、流动人口、阶层分化、空间极化、住房商品化、城市管理等问题,为研究者提供了丰富的素材,加上社会各群体对城市社会层面的关注加强,推动了城市社会空间结构的研究。在这一阶段,研究重点虽仍集中于社会空间及其分异、居住空间、住房等领域,但其内容则大大增加,诸如社会极化、旧城改造、社区、犯罪和社会公平等都受到关注。研究方法上则加强了结构主义理论和方法的运用、对社会政治经济背景的分析以及对哲学和社会学理论的借鉴与引入。[②] 近年来,信息产业对城市社会空间结构的影响研究受到了更为广泛的关注。

传统上对城市空间结构的研究以定性为主。随着计算机技术的发展,新的研究手段与研究方法得以发展,比较突出的有 GIS(地理信息系统)、CA(细胞自动机)、分形、城市自组织等方法,在城市空间结构研究的动态模拟与描述中的应用广泛。

总体看来,西方学者从生态、社会、经济、文化、人文、行为学角度对城

---

① 杨永春:《西方城市空间结构研究的理论进展》,《地域研究与开发》2003 年第 22 卷第 4 期,第 2—4 页。

② 易峥、阎小培、周春山:《中国城市社会空间结构研究的回顾与展望》,《城市规划汇刊》2003 年第 1 期,第 22—23 页。

市空间结构进行了深入的研究,将宏观与微观相互结合起来,建立"结构—制度—人的能动性"的理论体系。但是,西方城市空间结构研究由于各个学科研究角度的差异,迄今对处于不同文化背景和发展水平下的全球城市空间结构并没有形成一个共同的、大家普遍接受的城市空间结构研究范式。从全球一体化、信息技术网络化、跨国公司等级体系化等角度研究城市空间结构更适合发达国家。西方国家对城市空间结构的理论研究与实践遵循着如下思路:从结构布局研究到结构功能研究,从建筑学、规划学、地理学研究到生态学、社会学、经济学、文化学等多学科、多角度的综合研究,从城市实体、城市平面的二维空间层次研究到城市区域、城市立面的三维空间层次研究,从传统技术到结合高科技的研究,从人地关系为主的城市要素研究扩展到人与空间、社会、自然生态等多要素研究,从一国城市研究扩展到跨国、跨地区的世界大都市带、世界城市体系研究。

而对我国城市空间结构的研究主要有如下特点:一是研究集中在几个特定的领域,如居住空间结构和迁居研究,城市生活空间与生活环境质量研究,人口和居住郊区化研究,社区发展和建设研究,城市的空间组织研究等[①]。在各自领域虽然取得了丰富的研究成果,但是缺乏综合性的研究,各领域之间的相关性研究较少。二是研究对象主要集中在广州、北京、上海、南京、杭州等少数几个城市,没有在国内城市中普遍开展,因此参与城市空间结构研究的实证城市较少,取得的相关理论代表性不够。与西方学者的许多对城市内部空间结构的研究动辄建立在数十个乃至百余个城市实证数据基础上相比,存在很大差距。[②]

第二节　旧城改造对城市社会空间结构的影响

由于既受到外部世界的全球化、区域化等政治经济因素以及信息化等技术因素的影响,又受到内部计划经济向市场经济的转轨、传统社会向现代社会的转型等因素的影响,我国城市的经济和社会发展自改革开放以来发生了巨大的变化。在转轨与转型时期,城市社会空间结构研究在

---

① 王开泳、肖玲、王淑婧:《城市社会空间结构研究的回顾与展望》,《热带地理》2005 年第 25 卷第 1 期,第 29—30 页。

② 冯健:《转型期中国城市内部空间重构》,科学出版社 2004 年版,第 44 页。

阐释纷繁复杂的城市物质空间背后的社会成因和把握城市空间结构发展的脉络中发挥着极为重要的作用，是构筑完整的城市空间概念的重要一环。① 社会经济过程决定城市物质空间是怎样转化为社会空间的，或者说，社会变迁及经济发展变化赋予城市物质空间以社会意义。城市社会空间研究已与城市社会分化、居住空间分异相结合，并试图建立基于"居住隔离（空间）—社会分化（时间）—迁居（过程）"的综合模型，寻找并尽可能解释那些隐藏在社会空间演进背后的内在机制或力量。但城市转型不是向市场经济一劳永逸的转型，而是长期的过程，新旧机制、内外力量相互作用不断塑造新的城市空间。② 因此，城市社会空间分异的动力机制一直是我国城市空间结构研究的热点。

对于城市社会空间分异动力机制的研究，张庭伟教授认为，造成我国城市内、外空间变化动力机制的实质是所谓"政府力"（主要指当时当地政府的组成成分及其采用的发展战略）、"市场力"（主要包括控制资源的各种经济部类及与国际资本的关系）和"社区力"（主要包括社区组织、非政府机构及全体市民）三者的共同作用。③ 顾朝林也认为城市空间是在政府、市场、社会三者互相制约的综合作用下形成的。④ 冯健认为，我国城市空间重构的动力机制源于政府（规划、空间发展政策、户籍管理松动）、经济（土地与住房制度改革、旧城改造与新区建设、投资主体多元、交通设施建设、郊区化）、社会（职业分化、贫富分化）、个人（空间偏好、私家车的发展）的综合作用。⑤ 杨上广提出我国大城市社会空间结构重构与分异的综合动力模式：政府力（国家层面上的宏观政策影响和城市层面上的微观政策影响）、市场力、个体力和社区力相互交织、相互作用，并通过政策调控、生态演替、房价分选和空间分化等空间过程来实现对城市社会空间进行重构与分异。⑥ 笔者认为，实际上他们对城市社会空间分异的动力机制的研究都可以简略地归纳为是政府力、市场力与社会力三者

① 易峥、阎小培、周春山：《中国城市社会空间结构研究的回顾与展望》，《城市规划汇刊》2003 年第 1 期，第 22—23 页。

② 魏立华、闫小培：《社会经济转型期中国城市社会空间研究述评》，《城市规划学刊》2005 年第 5 期，第 12、13 页。

③ 张庭伟：《1990 年代中国城市空间结构的变化及其动力机制》，《城市规划》2001 年第 25 卷第 7 期，第 12 页。

④ 顾朝林：《科学发展观与城市科学学科体系建设》，http://www.planners.com.cn/user/User_Detail.asp? newsid = 111。

⑤ 冯健：《转型期中国城市内部空间重构》，科学出版社 2004 年版。

⑥ 杨上广：《大城市社会空间结构演变的动力机制研究》，《社会科学》2005 年第 10 期，第 71 页。

共同作用的结果。因此,综合看来,政府的管理行为、企业的经济选择行为、城市居民的社区活动行为时空叠加,分别代表着影响城市空间结构的政府力、市场力、社会力,它们交互作用,共同塑造城市结构,并在城市空间结构重构过程中起着不同的作用,是造成我国城市社会空间分异的主要动力。

如前所述,旧城改造是目前我国城市建设的一个重要方面,对城市空间结构的塑造也起着重要的作用。在转型经济条件下的社会经济快速发展时期,我国城市旧城改造主要是为了满足三个方面的要求,即政府的城市发展目标、市场化的推进以及居民居住的需要,如最初对北京的内城改造主要出于三个方面的考虑:一是为了适应政府提出的国际大都市建设目标的需要,在城市中心区为国际组织、政府机构以及跨国公司机构提供高质量的办公场所及服务设施;二是随着市场机制的进一步发展,城市房地产市场的出现、土地利用补偿政策的实行,使得旧工厂与居住区可以搬迁到其他地方;三是旧城区住房多为明清时期用木料和砖头建造的单层庭院式结构,自来水、卫生间、厨房、供热等基本设施欠缺。[①] 可见,旧城改造涉及促进城市社会空间分异的三个不同主体即政府、企业和城市居民的利益需求,因此,本书从旧城改造的角度来研究不同利益主体对城市社会空间分异所产生的影响。[②] 以下就此展开理论分析,并提出相应的理论假设。

一、旧城改造过程中政府对城市社会空间结构的影响

一般而言,城市政府对城市空间结构的影响机制主要表现在两个方面:一是对城市公共物品的供给,二是政府部门制定的相关制度,尤其是城市土地利用制度,其具体的手段又包括税收、城市规划、直接投资、法律和经济政策等。从政府提供的公共物品供给对城市空间结构的影响来看,一方面城市公共物品供给量的多少可以影响城市的聚集效应。对于城市或城市中的局部地区来说,城市公共基础设施和公用事业服务越完善,质量越高,该城市或局部地区的聚集效应就越大,相应地对居民和厂商的迁入和对土地的投资就越有吸引力,反之则吸引能力低,就可能构成

---

① Chaolin Gu, Jianfa Shen, "Transformation of Urban Socio-spatial Structure in Socialist Market Economies: The Case of Beijing", *Habitat International* 27(2003), pp. 107—122.

② 至于旧城改造在多大程度上造成城市社会空间分异则不是本书所关注的重点。

对城市聚集效应作用的发挥和城市经济增长的约束。因此,城市公共物品在本质上形成了城市聚集的物质承载力,是城市聚集规模的关键因素。另一方面,城市公共物品的区域分布也影响着城市聚集效应的区域分布,城市公共物品的布局会成为居民和厂商选址活动的出发点和归宿,引导着城市空间结构的扩展方向。此外,城市公共物品供给的类型也会引导城市地域的分异。由于不同的厂商和居民会对城市公共物品的供给要求不同,不同的公共物品对厂商和居民的影响也不同。这样,在不同类型的城市公共物品周围将吸引不同的厂商和居民,从而使得城市内部不同地域形成不同的聚集体。

从政府部门的相关制度对城市空间结构的影响来看,第一,在城市土地市场中,城市政府通过确定城市土地利用和经济赖以运行的各种规则制度,同时给违反规则者实施惩罚,为经济活动的发展提供了可靠的保障,也为各部门管理和控制城市土地的利用提供了依据和手段。第二,由于社会经济的迅速发展,相关交易过程的不确定性增加,相应的交易成本也会增加,这就需要城市政府制定一个制度框架,创造一个良好的制度环境来降低交易成本。第三,土地资源的既定和人类的理性,导致在对土地这种有限资源的分配中出现个体对稀缺资源的争夺,一些人为了个人利益的最大化,不惜牺牲公众利益,这时候就需要政府作为公众利益的代表,来制定制度使大家遵守,保护公共利益。

在我国传统的计划经济条件下,依靠统收统支、高度集中、统一计划、层层落实的经济运作方式,城市发展的性质、规模和布局结构均依赖于国家的整体发展战略、物质安排和城市建设指导思想。城市政府作为地方政权实体,不仅具有政治职能,也具有直接组织经济活动的职能,以经济管理职能为主导。这种管理模式,一方面削弱了城市政府合理组织城市经济社会发展和企业合理组织生产经营的积极性和主动性;另一方面,也导致了城市政府偏重于对企业经济行为的直接管理,如把主要精力用于对众多企业的物资供应、资金拨付、人员配备、产品生产和销售等诸方面的直接协调和组织上,而忽视了城市政府对城市经济社会发展的公共物品的建设和管理。20 世纪 70 年代以来,传统的计划经济体制逐渐向社会主义市场经济体制转化,城市政府的机制、角色和行为方式都发生了深刻的变化,从而使得我国城市发展和空间结构演化的运作机制也发生了深刻的变化。城市政府不再直接控制城市经济发展,城市政府的经济管理职能、方式和机构设置都在向适应市场经济的需要转变。[1]

从我国旧城改造的具体实践来看，体制转轨前，城市政府适应计划经济方式，是城市资源的唯一调配者，对于城市空间资源如土地的配置，政府对城市土地的利用主要是以“单位”为单元，以审批划拨的方式无偿提供城市土地，实行单一、纵向空间资源控制。体制转轨后，市场成为资源的主要配置方式，政府主要提供公共物品，如对旧城道路交通、公园、广场等公共基础设施的改造与扩建，造成居民的搬迁与重新安置。随着资源调配方式的改变，城市的空间资源配置受到市场的影响越来越大。改革开放之后，非国有或集体所有企业的土地使用问题成为我国改革开放伊始就必须面对的问题。为了解决这个矛盾，土地使用权和所有权分离的实践开始在各个经济特区实行并成为我国土地政策改革的最初诱因。实质性的土地改革开始于 1986 年土地管理局的成立和《土地管理法》的通过。该法正式允许私营企业和个人获得国有土地的使用权。1988 年，全国人大常委会修改宪法，正式从宪法上承认了土地使用权和所有权的分离。这成为我国土地政策改革上的里程碑，也成为我国土地市场正式建立的最重要法律保障。1991 年，国务院颁布了《中华人民共和国城镇国有土地使用权出让和转让暂行条例》，为土地市场化提供了具体指导，城市土地虽然仍然由政府控制，但是土地利用主要以市场化方式运作。基于土地经济学的地价理论和聚集效应理论，从土地中汲取收入，借规模效应提高效率，成为市政府在城市发展问题上的基本思路。市政府通过利用土地级差地价来重新配置用地，推动了中心城内部空间结构的重组与改造；通过改善市政基础设施带动新区开发，以吸引投资、收取土地费，引发了城市向外扩展，从而达到城市空间资源的优化配置。

城市规划是旧城改造中城市政府实施对城市空间管理和引导的一种重要手段，城市政府通过制定关于城市人口、产业、空间、环境等方面的规划，把握城市未来的发展方向，其通过对城市发展战略重点区域的划分，加强基础设施的建设，引导城市发展重心转移，实现人口、资金等社会经济活动的空间转移，以改变城市的空间结构。[2]

转型期城市住房制度的改革、户籍管理制度的松动，使得旧城改造中居民搬迁后的居住区位选择获得一定程度的自由，客观上也促进城市空

---

① 董宏伟：《转型经济条件下城市空间结构的演变——以武汉为例》，武汉大学硕士学位论文，2004 年，第 17 页。

② 杨文：《转型期中国城市空间结构重构研究》，华东师范大学硕士学位论文，2005 年，第 36、38—42 页。

间结构的变化。此外，城市政府在市场机制不完善的情况下，往往要运用本身有局限性的产业政策去弥补或修正市场在资源配置中的缺陷，也会造成城市空间布局出现矛盾、城市空间发展不平衡等问题。现实中的政府公共部门也并不是完全一体化的，对于旧城改造，他们可能分别有着自己的利益和相应的立场。不同管理部门存在权力纷争、多头管理、权责划分不明晰和管理行为不规范的问题，有些地方政府部门个别负责人抱有急功近利的思想，有地就批，有项目就上，陶醉于城市面貌的日新月异，缺乏长远战略目光，也会给城市空间结构变化造成不良影响。

二、旧城改造过程中企业对城市社会空间结构的影响

在城市快速发展的过程中，企业是城市社会经济中最具活力的要素，也是城市发展的核心要素，它通过对城市建设的财政支持、经济活动、区位选址、就业贡献等影响城市结构，是城市空间结构重构的直接实施者。企业活动区位的选择过程就是企业对城市空间重构的实施过程，其主要是通过企业经济行为的作用产生空间效果。从区位论来看，古典区位理论的核心是建立在与“特定条件下寻找最优区位”有关的一系列假设基础上的。在微观上，企业区位理论研究基本上是沿着两条线索进行的，即企业怎样选择区位和企业的区位决策的依据是什么。古典区位理论说明了企业空间选择的基本动因，如将企业区位决策的主因归结为对运输成本的节约，企业利益最大化通常被认为是因运输成本趋于最小所致的结果。因此，企业的区位选择是企业经济行为空间作用的表现。

在发达国家，城市政府领导人基本上都是通过某些企业集团的财力支持才在选举中胜出，为了维护支持他的企业集团的利益，城市政府往往在资源分配、政策制定等方面有所倾斜。因此，城市空间结构在一定程度上是企业集团意向的结果。例如，如果企业集团选择在中心区投资，那么为了企业集团的利益，城市政府可能将中心区的改造建设作为城市建设的重点，城市空间重构就表现为城市内部的改造，而那些处于弱势支持的区域则得不到发展。我国城市的企业没有国外企业那样的强势地位，尤其在经济体制改革以前，企业在与政府的博弈中完全处于下风，城市企业完全是被管理者，处于被动地位，企业规模、选址、企业之间的合作活动都由政府作主，很多企业承担了城市基础设施和企业职工住房建设者的角色，企业在城市基础设施和住房供应上起着重要的作用。政府既是城市空间的制定者也是实施者，是一种单一纵向管理。体制转型后，企业的权

利束缚被打破，处于极其活跃状态的企业的活动选择空间增大，特别在城市土地作为资源进入市场时，企业根据自己的实力和需要自由选择生产活动区位，造就了整个城市空间的迅速扩张。由于住房市场化的开展，房地产市场逐渐代替企业成为城市居民住房的供应者。企业也从城市基础设施的重要供应者变成了城市基础设施的使用者和选择者。企业的选址不再是任意的或者是政府的主观决策，而是对基础设施、土地价格、周边环境、交通等多种区位因素的综合考虑，城市的工业用地布局也因此发生了重大的变化。城市空间扩大，企业数目和规模扩张对传统的城市规划和管理产生巨大冲击，企业的力量在规划实施过程中越发重要，不管是城市的旧城改造、新区的发展还是城市郊区化，企业都起了重要作用。①

此外，改革开放之后，为了弥补国内资金不足，我国采取各项优惠政策吸引投资，国际资本和私人资本开始成为我国经济建设中的重要力量。正是因为外资和民营资本的出现，才促发了改革开放后的土地制度改革，外资和民营企业员工也成为住房市场的第一批消费者，而民营和外资对我国经济发展和城市空间结构的影响又远不止如此。例如正是由于外资和民营资本的进入和竞争，国有企业才不得不推进自身改革，重视企业区位选择，退出对企业员工住房的供应，更加有效地利用土地，提高土地利用率等。所以，私人资本力量的壮大和国际资本的涌入对我国城市空间的作用是全方位的。②

然而，转型期我国城市企业的行为选择除了经济因素还受到政府及制度因素的影响。从组织上看，企业已经变成一个具有相对独立性的经济实体。但是由于市场体系的不完善，企业的经济行为及区位选择仍然有计划经济时期的烙印，使得企业存在双重依赖：一是政府，一是市场。城市政府作为城市的责任代表，是城市经济发展方向的制定者。在以追求利益为发展目标时，从不同的利益角度考虑，会产生不同的空间效应。在以吸引投资加快经济发展时，由于国家资金有限，城市政府要促进投资，发展城市经济，就必须吸引、依靠掌握了大量资本的商业集团的投资，以拉动经济增长。这样，在发展经济这样一个大的目标和前提下，政府主要考虑投资者的利益，城市政府和城市商业利益集团结成同盟。城市政府利用商业利益集团的投资来拉动城市经济增长和就业，获得政绩；城市

---

① 杨文：《转型期中国城市空间结构重构研究》，华东师范大学硕士学位论文，2005 年，第 37、39—40 页。

② 董宏伟：《转型经济条件下城市空间结构的演变——以武汉为例》，武汉大学硕士学位论文，2004 年 5 月，第 23 页。

商业集团则利用城市政府提供的各种优惠政策来取得更大的利益。其结果往往形成投资主体的区块集中,导致空间发展的“马太效应”。如20世纪90年代,城市政府以吸引投资为主要责任,每年吸引投资额的多少成为评价政府政绩的一个主要指标,由此产生投资主体在与政府的权利博弈过程中往往处于优势位置,投资主体以追求最大经济效益出发,选择最利于其经济发展的区块。这样,对于越是区位条件优越的区块,集中的资金越多,经济发展速度越快。而那些区位条件差的地块,经济出现衰退或根本得不到发展,出现城市空间发展的“马太效应”。①

在我国旧城改造过程中,房地产开发企业扮演着十分重要的角色,房地产的综合开发成为旧城改造的主要形式②,对城市社会空间结构的影响主要表现为:一是房地产开发企业按照市场机制进行自主行为选择时,其选择开发的地段、开发的住宅性质会对城市社会空间结构产生影响。由于不同的居住空间具有社会经济地位差异的社会标签作用,房地产开发企业在城市不同区位开发不同价位住房的市场化行为,在一定意义上对不同阶层的人群在空间起了分流、过滤作用,这种过滤作用将会强化城市社会空间分异。例如,在市场经济条件下,房地产开发企业的经济行为以自身利益的最大化为目标。对开发利润的执着使得房地产开发企业尽力搜寻那些拆迁成本低但并非破旧的地块,而那些建筑密集、拆迁量大、更新改造成本高的地块,常常是危旧房屋密集地区,这些地区居民更新改造的愿望迫切却少有问津。由于这些地区也通常是城市低收入群体聚集区即城市贫困区,这样房地产开发企业对开发地段的选择就可能直接导致城市社会空间的分隔。再如,房地产开发企业在城市的更新改造中为追求利润,往往争相开发那些价格高昂的商业等第三产业用房和高级住宅,以迎合上层阶层市场需求,他们往往在生态环境优越、接近社会服务、休闲设施的地点,建造高级住宅,形成“排他性”的精英阶层大型高等级住宅区。此外,房地产开发商在对社区改造中,通过对原有产品的重新开发,如内城贵族化过程,使得原社区居民被迫迁出,外社区居民迁入,从而发生居民重组的这种社会区域过滤—置换机制,同样会使得城市社会空间重构和分异;二是由于市场上不同需求间差异化明显,多样化的市场需求使得市场定位和房地产企业也开始分化。根据商品住宅细分程度,在

---

① 杨文:《转型期中国城市空间结构重构研究》,华东师范大学硕士学位论文,2005年5月,第37、39—40页。

② 姚丽斌、赵玲玲:《对市场经济条件下旧城改造的再认识》,《城市问题》2000年第2期,第39页。

住宅市场当中，经济适用房、普通住宅、高档住宅、豪华住宅，小户型、大户型、超大户型等产品分类越来越细。在市场细分中，一些质量相似的住宅单位的供给构成一个住宅子市场，这个子市场的住宅往往是由性质相似的住户群居住。房地产开发商的市场细分行为，使得对某一类型物业有相似的需求人群聚集在一起，其实质就是通过住宅子市场的"亚空间"，对具有不同社会学特征的人群在居住空间上起着"人以群居"的聚集与分流作用。①

三、旧城改造过程中居民对城市社会空间结构的影响

城市居民是城市活动主体的最小单元，他们依靠个人的力量或者依靠所属社区的力量参加城市的经济活动和管理。城市居民相对于政府和企业来说，是经济行为更加灵活自由且独立存在的城市经济运行主体。理论上讲，理性"经济人"的假定、居民个人行为的偏好和由个体组成群体产生的分异行为都可以对城市社会空间结构产生影响：如理性"经济人"的假定认为，城市居民个体依据自身追求的利益不同而选择不同的行为方式和空间位置；个体偏好是居民个体行为空间选择的不确定性因素，因为对于不同的个体，他们的价值观不同，对最大利益的认识也不一样，由此也将产生不同的行为空间倾向；单个的社会个体行为在城市空间中的作用是有限的，而且也意识不到自己行为对城市空间产生的作用。如果当一定数量类型相似的个体集合在一起进行某一项活动时，就会引起城市社会空间结构的变化，如城市中不同类型的居民所形成的社区，其社会特性不一样，形成城市社会空间的分异现象。

此外，城市居民对政府及企业的经济和管理活动做出相应的行为选择，引起城市居民个体行为空间的变化，最后与政府和企业的行为组成城市空间结构的重构。在经济市场上，虽然居民个体是一个经济行为主体，但是在空间选择上，他却处在一种被动从属的地位，他必须跟随企业的经济空间指向和政府的发展政策而变动。从个体生存需求来看，城市居民个体的经济行为是为了占有更多的生活资料，满足自己的消费需求。而企业的发展需要雇用一定的个体劳动者，而且能带动一个地域的经济发展，所以是直接或间接为个体赚取生活资料的源泉，就此产生城市居民个

---

① 杨上广：《大城市社会极化的空间响应研究——以上海为例》，华东师范大学博士学位论文，2005 年，第 187—188 页。

体空间指向与企业的区位选择的一致性。另一方面,城市居民个体与城市政府相比永远处于弱势地位,城市政府的发展政策和策略是城市个体经济行为区位选择的指南针。政府的责任目标是寻求城市的整体发展,在制定政策和发展策略时,一般会搁置小部分城市居民个体的利益,寻求最大的社会经济效益,从而要求居民个体做出利益牺牲,重新选择区位空间。

由于城市管理是一种社会公共空间决策活动,随着城市社会公众受教育水平普遍提高,他们对自己的权利与利益和社会的责任关注程度日益重视,城市公众和社区力量也参与到城市管理中,并且能够为决策者提供多层次、多方面的启示。社会学派认为,在城市规划过程中,由于只有当地居民最了解所在区域,他们应该有更多参与公共决策的机会。在计划经济体制下,我国的社会力量基本呈现一元化的特征,即党和政府主导着整个社会的意识形态甚至是思维方式,社会力量单一,城市居民往往依附于一定的组织,缺乏独立意识和公民意识,对政府的依赖性非常严重。随着经济体制改革的推进以及经济的多元化,不可避免地,我国的社会力量也开始朝着多元化的方向发展,整个社会的制约力量正在增长,原来政府主导一切的局面正在消失。随着越来越多的城市居民开始独立地面向市场,成为独立的市民成员,公民意识也在不断增强,对社区的依附性参与减弱,自主性参与的意识增强,权益维护意识增强,对社区组织的性质和行为方式开始有新的要求,社区正在成为社会民主力量中的重要一支。我国城市社区建设虽然是在社会转型、社会问题增多、社会管理体制转变的背景下开展的,但是这些都正在被放在更大的基层民主自治进程当中来考虑。市场经济条件下的社区将不再简单的是一个“协助政府部门管理”的组织,它的功能将更多的是自我管理、自我服务,维护社区内居民的利益。①

在旧城改造过程中,受到最大影响的就是居住在被改造地区的原住居民。在大规模旧城改造过程中,拆迁户面临着重新选择居住区位的问题。社会主义市场经济体制的建立,城市土地的有偿使用与土地批租制度的建立与实施,城市住房制度的改革等,使得城市居民对自己的居住场所有了选择性,居民的空间偏好、经济实力在新的城市居住空间的形成方面发挥动力作用,从而对城市空间结构产生较大影响。改革开放前的计

① 董宏伟:《转型经济条件下城市空间结构的演变——以武汉为例》,武汉大学硕士学位论文,2004年5月,第23页。

划经济条件下，我国城市居民的住房主要依靠国有企事业单位的福利分房。受前苏联居住小区规划思想的影响，我国城市中的“单位大院”式的居住形态非常明显。单位不仅为其职工提供就业，为其职工及家属提供住宅和其他福利设施，而且在职工退休后仍可继续使用，各个单位自成体系，城市居民对住房以及住房区位的选择权几乎丧失。1980 年，邓小平同志关于住房改革问题的讲话拉开了住房改革的序幕。住房制度改革大约经历了国家、企业、个人三者共同负担，提高租金，出售公房，住房公积金和安居工程，停止福利分房总体攻坚等阶段。随着住房体制改革的不断推进，伴随着大规模的旧城改造，城市居住空间也逐渐从原来紧靠工业用地以及单位大院的形式中解脱出来，住房的区位开始成为住房价格的重要影响因素，城市居民开始摆脱工作单位区位的限制，自己选购住房。在城市空间重组和扩展时，高收入者及为其服务的设施向市中心聚集，使得中心区功能齐全、质量提高。与此同时，低收入者迁向城市内圈的边缘，外来人员则聚居在城郊结合部，形成特定的“移民区”。另外还有部分旧城拆迁的居民，在原有住宅拆迁后，无力在城区内部再购买住宅，也选择在城市边缘购买住宅。由于他们的影响力有限，城市边缘区的城市面貌和质量不如城市中心区。但由于这部分人的存在和社会舆论对他们的关注，也不可能完全忽视他们利益的偏向，于是在城市政府的支持下，在近郊地区发展起有相当质量的廉租住宅，在城郊结合部则出现少量供流动人口居住的公寓。这样，价格较低的新居住区，以及外迁的工业区和原有的郊区工业区构成了大多数城市外扩的部分，城市住房的质量、区位以及相应的居住人口都开始出现分异。

四、政府、企业、城市居民的博弈与城市社会空间重构

以上分别分析了不同利益主体在旧城改造中对城市社会空间结构的影响。在市场经济条件下，城市社会空间结构是不同利益主体综合作用的结果。在转型期市场机制不完善的情况下，不同利益主体在市场中所处的地位不同。从城市管治角度看，政府与企业因其“强势的权力与资本”而处于主导地位，城市居民则因“弱势的民权”而处于弱势地位，由此决定了在旧城改造过程中，他们对城市社会空间重构起着不同的作用。

表 4-1 旧城改造规划制定的一般过程及参与程度

步骤	具体内容	性质	政治经济实质
步骤一	提出旧城改造要求,通过公众议程表达;通过企业寻求改造利润等等	公众议程	各种利益群体对政治体系施加压力,多方面利益通过不同方式对政治系统参与改造表达要求
步骤二	根据上一层次的规划对改造项目进行内部评价,并进行最初决策	决策过程	确定进行改造的方式。(拆迁式的大规模改造,或者小规模改造等)以代理方式进行利益表达
步骤三	政府行政部门与商业房地产开发商接洽,确定改造规划(城市规划)草案的制定者和未来实施方式	决策过程	初步确定利益的分配,将提案权转交特定利益群体
步骤四	开发商根据自己的利益进行规划方案策划和规划草案准备	委托、招标形式	特定群体的利益具体化到规划草案,对行政当局提供具体化的利益分配方式
步骤五	政府行政主管部门依照法律程序进行规划审批	决策过程	最终确定由特定利益群体草拟的、代表特定利益群体的改造利益分配

资料来源:卢源:《论旧城改造规划过程中弱势群体的利益保障》,《现代城市研究》2005 年第 11 期,第 23 页,有改动。

就我国旧城改造的决策过程来看,不同利益主体的参与程度存在很大差异。卢源根据上海旧城改造项目的调查,总结整理得出的旧城改造规划一般制定过程(见表 4-1)[①],在旧城改造规划制定的五个步骤中,绝大多数的操作方式都是通过行政机构的内部决策完成的,开发商参与规划的过程受到了决策过程的严格限制,而多数涉及切身利益的社会阶层尤其是那些弱势群体则由于没有相应的利益代理,使他们直接参与这个过程的可能性微乎其微。这种决策式的规划得以在我国旧城改造中被广泛地推广采用,其主要原因是在旧城改造规划过程中,一方面改造所涉及的利益群体数量众多,另一方面相对既定的利益总额使得利益群体之间

① 卢源:《论旧城改造规划过程中弱势群体的利益保障》,《现代城市研究》2005 年第 11 期,第 22—23 页。

的矛盾冲突变得更加尖锐和错综复杂,而在既定的行政目标下,运用简单的决策可以在规划阶段回避很多表面矛盾,迅速地推动旧城改造的物质完成,简化了处理城市问题的手续,起到了提高规划效率、增强时效性的作用。

实践中由于旧城改造投入大,而政府部门资金又比较缺乏,通常采用的做法是,政府将有关地块拍卖给房地产开发商进行开发,由政府相应的部门提供服务。因此,在这一过程中,房地产开发企业与政府部门有着不同程度的合作。政府主导、开发商参与的旧城改造促使原有社区解体,政府"企业性的牟利行为"使其成为改造的倡导者与组织者,追逐利润的开发商的改造项目是有选择性的,那些具有巨大潜在收益的区位才被开发商看中,并由政府出面组织拆迁、补偿与更新。在这一过程中,居民私人的土地使用权和私有房屋往往得不到应有的保护和尊重。开发商与居民业主关于拆迁补偿的谈判,往往由于政府介入,带有极强的行政色彩,而政府本着土地公有的原则,与居民的谈判实际上不是一种平等的对话。一旦有拆迁户因为开发商没有开出足够的补偿条件而拒绝搬迁,拆迁方往往给其冠以"钉子户"之名,给其施加压力,强制其拆迁。拆迁安置成为社会经济转型期我国城市社会空间分异的重要力量,因为几乎每一块旧城区拆迁改造的结果,都是中低收入居民被从城市中心地带"驱逐出去",新进来的居民是少数能承担高房价的人。搬迁到偏远新区的居民,由于城市基础设施建设迟缓,面临交通、生活、工作的种种不便,反而增大了生活成本,一定程度上导致城市社会空间的分隔。王亚平(Wang Ya Ping)提出了我国城市新的土地利用与居住分布模式,见图4-1,大体上可以看出不同利益主体在城市发展(包括旧城改造)中的这种地位与作用。政府机构及企业组织人员一部分有向城市繁华商业中心聚集的趋势,即使外迁者也会居住在别墅等高档豪华住宅内;而随着旧城区的改造、工厂的搬迁,一般城市居民只能向城市外围扩展,居住在低收入人口聚集区或政府提供的经济适用房。

可见,在某种意义上来说,原住城市居民是旧城改造的受害者——他们被动地迁出,原来固定、习惯的工作与生活被长期地打扰,在旧城改造中始终处于一种相对被动的弱势地位。而弱势的地位又决定了他们在进入决策系统、实现利益表达方面存在困难,单纯地依靠政府行政力量或者开发商形成的动议,实质上就是在旧城改造规划制定的初始阶段就剥夺了他们利益表达的权利。城市居民处于城市改造带来的迁居过程之中,原居民、拆迁户、回迁户和购买商品房的新住户构成了社

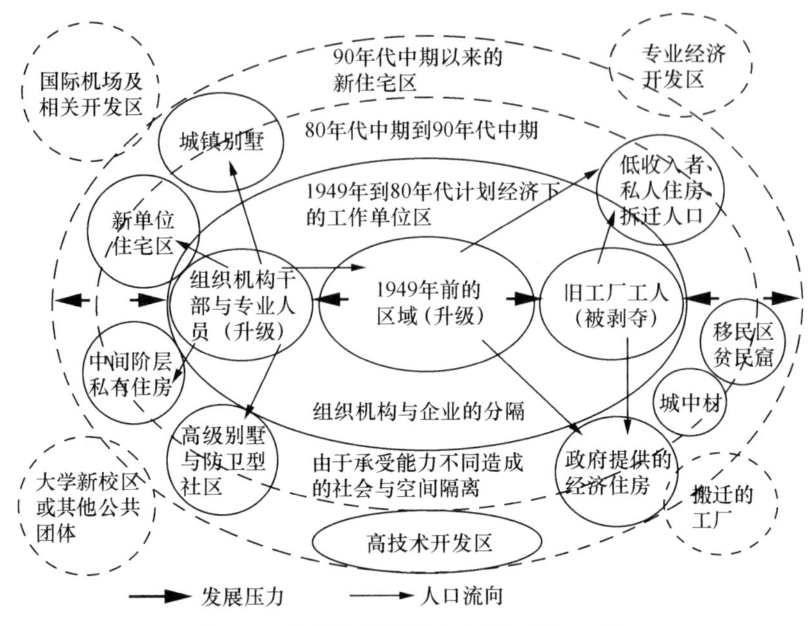

图 4-1　转型期我国城市空间与居住分异

资料来源：Wang Ya Ping: *Urban Poverty, Housing, and Social Change in China*, New York: Routledge, 2004, p. 44。

会空间重组的新元素。而在这一进程的背后是政府的巨大影响。作为宏观经济的重要增长点，城市开发和建设承担着拉动消费内需的重任，政府不得不推动城市空间的重构。由此，城市社会空间分异在历史因素影响下成为市场和政府合力的结果。① 其中政府起着关键的作用，政府的决策也离不开市场②，而一直以来，我国城市更新改造过程中居民社会参与协调的过程受到忽视。但是，正如张庭伟教授指出的，城市居民的弱势地位并不等于可以将他们忽视或排斥在决策之外。在分析一切城市问题，包括城市空间结构问题时，应包括对政府、市场和社会三方面的分析，不能仅以“政府”和“市场”作为一对命题来做讨论。一个完整的理论框架应有政府、市场和社会的“三足鼎立”，而不只是政府和市场的“两元

① 李志刚、吴缚龙、卢汉龙：《当代我国大都市的社会空间分异——对上海三个社区的实证研究》，《城市规划》2004 年第 28 卷第 6 期，第 66 页。

② Han Sun Sheng, "Shanghai between State and Market in Urban Transformation", *Urban Studies*, Oct 2000, Vol. 37, Issue 11.

对立”。[1] 而我国对城市问题的分析人员在改革开放后,增加了对市场力的讨论,忽视社会力的存在,忽视社区的作用,忽视未来的社区必然的成熟,是城市研究中的大不足。近年来,随着社会经济的发展进步,特别是政府管理体制改革的深化,社会生活中社会参与、协调机制日益形成,城市建设、管理中正通过公示、专家论证等各种制度逐渐体现公众参与。目前,城市居民公众参与思想如何能为社会广泛接受,如何将其进一步落实到城市更新改造的具体空间对象和手段方式上,同时在区域、全球一体化逐渐深入的宏观背景下,城市更新如何在区域层而通过参与协调寻求效益最优化,都是我国城市旧城改造所需要关注和思考的问题。[2]

五、转型期我国城市旧城改造中的主要问题及原因

基于复杂的利益关系、传统观念和经济关系等原因,旧城改造是一个多方利益相互争夺、妥协,最终达到相对平衡的复杂过程。政府既要考虑城市问题对城市环境、形象及治安等的影响,同时又担忧拆迁过程中的利益冲突会成为社会不稳定的因素。因旧城改造成本过于高昂,政府自己开发的方式往往难以启动,如果仅仅依靠优惠政策吸引房地产开发商介入开发,又可能造成房屋过量供给,冲击业已趋近饱和的房地产市场;房地产商既看到旧城改造后,能够给日益紧张的城市土地提供巨大的土地资源,又担忧这种拆迁开发矛盾重重,不确定的变数很多,高昂的交易成本会吞没和消散正常收益;城市居民以及社区则担忧他们既得的房地产租金收益在开发中得不到保护,而且会损失市中心区房地产升值所带来的好处,会对既得利益寸土必争。因此,在改造过程中,存在着复杂的政府、房地产商和居民的三方博弈局面。由于他们在旧城改造中所处的地位不同,近年来随着旧城改造的步伐加快,旧城改造中的各种矛盾与问题也越来越突出。

方可从城市经济、拆迁安置、旧城改造规划设计与管理、历史遗产保

① 张庭伟:《1990 年代中国城市空间结构的变化及其动力机制》,《城市规划》2001 年第 25 卷第 7 期,第 14 页。

② 李建波、张京祥:《中西方城市更新演化比较研究》,《城市问题》2003 年第 5 期,第 71 页。

护等方面对北京旧城改造中存在的主要问题做了详细研究。①

项光勤认为,拆迁户的安置困难、旧城改造破坏原有城市空间结构和原有的社会网络;改造利益分配上,开发公司获利丰厚,拆迁户未能得到应有的补偿,导致矛盾激化;改造后的市政设施建设跟不上生产和生活发展的需要,给居民日常生活带来不便;旧城住宅建设质量不能满足人们日益增长的居住需求,住宅小区建设水平不高,商品房空置、开发土地闲置现象严重,房地产开发建设并没有同时要求绿地建设,住宅建设中浪费土地现象较为突出,高层住宅数量偏少,居民回迁率低;旧城改造不注重历史文化的保护,严重破坏城市的传统风貌和特色,致使城市特色丧失等是我国旧城改造中存在的具体问题。②

赵红梅从城市经济学与土地利用角度研究旧城改造的房地产开发问题,指出我国城市更新中的主要问题集中反映在三个方面:房地产开发的结构、城市的环境品质以及动迁居民的利益。从房地产开发的结构来看,首先是更新地块的组成不合理,一些急需更新的危房棚户密集地陷入困境,其次是房产结构的不均衡,大型商厦开发过度的同时低收入住宅和公共设施却显得不足;从城市环境品质来看,历史文脉越来越多地受到开发建设活动的破坏,传统的城市街廓正面临逐渐消失的危险,开发建设的强度也没能得到有效的控制,这些都导致城市中心区环境品质的下降;从城市更新的作用主体——动迁居民的利益来看,对动迁安置补偿的理论认识存在差异,实际的操作中也有诸多不确定性,加之开发商作为行为主体缺乏相应的社会责任以及动迁用房建设的滞后,动迁居民的利益未能得到充分的保障。此外,她还从文化角度研究了旧城改造的保护与发展问题,从城市社会学角度研究了旧城改造的社会公平问题,从城市规划管理角度研究了旧城改造的规划调控等问题。③

叶东疆主要从社会公平的角度分析我国旧城改造存在的问题,主要表现在三个方面:首先是旧城改造的拆迁中由于管理体制不完善,开发商为了尽可能多地获取开发利润,出现了拆迁补偿不兑现、质量较好的房屋也被拆除等种种问题,因而使居民十分不满,造成了不良的社会影响。其

---

① 方可:《当代北京旧城更新:调查·研究·探索》,中国建筑出版社 2000 年版,第 39—64 页。

② 项光勤:《发达国家旧城改造的经验教训及其对中国城市改造的启示》,《学海》2005 年第 4 期,第 194 页。

③ 赵红梅:《城市更新中的旧居住区改造模式研究——以长春为例》,东北师范大学硕士学位论文,2005 年,第 21—39 页。

次是在拆迁居民安置中，开发商为了减少安置费用，往往将居民安置在郊区。这就给居民带来了上班难、上学难、求医难，甚至就业丧失等问题，甚至一些安置房和小区根本就不具备合格或基本的居住生活条件，给原本希望通过拆迁安置改善居住条件的居民泼上了一盆冷水。再次是旧城更新改造中的“贵族化”问题，更新改造后原有居民由于支付不起所要补交的各种费用而被高收入阶层所替代，这既撕裂了原有的社会结构，更引发了原有居民对社会的不满情绪。①

李志刚等人总结当前我国城市改造更新表现出的复杂矛盾：一方面是弱势群体在改造拆迁中表现出的对抗争斗，但最终传统社区结构趋向解体。另一方面是开发商大力鼓吹阶层化的社区，其开发理念体现的是社会精英论和市场机制引导的消费主义，而对于城市居住空间资源分配的公平公正少有涉及，大量社区同质阶层化重构的后果、弱势群体和精英阶层的社会空间分割对城市未来的影响等都没有受到足够的重视。②

总而言之，我国转型期旧城改造中的很多矛盾都集中在不同利益主体对各自利益的寻求上，复杂的改造过程也就是一个多方利益博弈的过程，各个利益群体都在为实现自己的利益积极寻求规划政策和决策的支持。如以弱势群体为代表的被拆迁群体对政府制定的拆迁补偿标准和迁入地点表示不满，要求提高补偿标准，照顾他们的实际生活困难；以高收入阶层为代表的购房群体，对城市房地产价格升高表示不满，抱怨政府没有积极有效地通过行政干预促进居民拆迁和安置，要求启动行政机制辅助旧城改造过程加速物质更新；而房地产开发企业则要求创造更“积极”的政策环境。在利益总量相对确定的情况下，各利益群体最终能够获得多少分配份额，取决于包括城市规划在内的公共政策倾向，因此各利益群体和社会阶层都希望在城市规划决策中实现自己的利益表达。③ 而转型期我国城市规划功能被定位为城市政府行政体系的一个功能部门，承担的主要职责是空间性地贯彻和实施城市行政主体的既定计划决策，其实质上是延续了计划经济体制下城市规划作为“经济计划延伸”的传统，在价值取向上必然以体现上层决策的既定目标作为唯一判断标准，在制定

---

① 叶东疆：《对中国旧城更新中社会公平问题的研究》，浙江大学硕士学位论文，2003 年，第 20—21 页。

② 李志刚、吴缚龙、刘玉亭：《城市社会空间分异：倡导还是控制》，《城市规划汇刊》2004 年第 6 期，第 48—49 页。

③ 卢源：《旧城改造中弱势群体保护的制度安排》，《城市管理》2005 年第 5 期，第 22 页。

程序上必然采纳简单化的决策方式，而不可能采用价值取向多元化、参与性强、目标相对不明确的政策过程性制定方式。如此制定的规划政策就不可能有效地实现各个社会阶层的利益表达。由于某些社会阶层尤其是弱势群体在规划体系中没有提案权，缺少可以在旧城改造的规划政策中进行利益表达的程序渠道，而只能以公共政策体系的提案权补偿机制如上访制度、人民代表提案机制等作为规划政策体系内部的补偿机制，在城市规划体系外起着某种补偿作用。因此，在政策体系内寻求制度性、程序性的弱势群体利益表达、利益保障机制，是实现社会良性的关键。①

第三节　旧城改造与城市社会空间重构：理论假设

结合前面关于我国旧城改造问题的研究进展的介绍，并根据以上关于转型期我国城市旧城改造中不同利益主体对城市社会空间结构的影响以及旧城改造中存在的问题和原因的理论分析，提出所要研究的几点理论假设。

假设1：转型期我国城市大规模的旧城改造使得城市居民因“拆迁搬家”的原因而产生较大规模的市内迁移行为，城市居民在城市内部的分布发生较大变化。同时，由于企业的搬迁，在城市不同区域范围内产业结构发生调整，伴随房地产业、新兴社会服务业的兴起与发展，不同圈层城市居民就业机会、职业结构等发生变化，就业机会、职业结构等的变化又会造成城市人口经济收入、居住条件、社会地位、社会经济关系等的一系列变化。也就是说，旧城改造不仅改变城市居民的居住区位、城市道路交通、城市产业结构等物质结构关系，而且也改变了城市的社会经济关系，原有计划经济体制下所形成的传统的城市社会空间因而发生解构，并开始了城市社会空间的重构过程。

假设2：在城市社会空间重构的过程中，作为城市建设的一个重要方面，旧城改造的经济投入较大，并且在市场机制的作用下，旧城改造投资主体多元化。但是由于转型期的市场机制并不完善，旧城改造的利益在

① 卢源：《论旧城改造规划过程中弱势群体的利益保障》，《现代城市研究》2005年第11期，第22—25页。

不同利益主体中分配不均等，反映在微观层面的城市人群中，政府部门工作人员以及与相关政府部门联系紧密的单位和个人获得的利益远远高于那些与政府部门没有联系的城市居民。由于旧城改造与房产开发紧密相关，从不同阶层的住房状况来看存在很大差异。住房状况的差异也反映了城市不同群体的收入、社会地位等的差距，转型期城市社会分层结构明显。

假设3：随着城市土地利用制度、城市住房制度的市场化改革，城市居民有了自己选择居住区位的自由。而不同社会阶层经济实力的差异以及对居住偏好的不同，使得其对居住空间的选择不同，由此导致不同社会阶层在城市空间上的分布相对集中，并与其他群体产生较为明显的空间分隔现象。因而旧城改造所导致的城市社会空间重构的结果是城市社会空间的分异。

在接下来的几部分里笔者将针对上述理论假设展开实证分析。第五章验证假设1。以武汉市为例，运用人口普查资料，研究转型期市内迁移的规模及其发生的主要原因、市内迁移人口在城市内部的主要流向，并结合旧城改造造成的城市工业搬迁、产业调整，分析城市不同圈层产业结构、行业结构的变化以及就业率等的变化情况，验证旧城改造对城市人口空间结构变化的影响，说明旧城改造是城市社会空间结构发生变化的主要诱因之一。第六章验证假设2。由于旧城改造主要以房地产开发为主，本书对社会分层结构的研究主要以不同群体的住房产权及居住质量为基础[①]，并以武汉市旧城改造情况为例，对城市社会分层结构进行详细研究，验证旧城改造中不同利益主体的作用不同、获得的利益不同是城市社会阶层分化、社会分层结构明显的主要原因之一。第七章则通过对不同群体在城市内的空间分布进行实证研究，验证旧城改造导致转型期城市空间重构的结果是城市社会空间的分异。

实证研究数据主要来源于武汉市1990年及2000年的人口普查数据，其中包括机器汇总资料及2000年全国人口普查资料基于长表抽取的一个0.095%的样本数据集和2000年武汉市人口普查资料基于长表抽取的一个1%的样本数据集。普查数据比较权威、科学，可靠性高，存在误

① 边燕杰、刘勇利2005年利用第五次人口普查资料从城市居民住房产权与居住质量角度对城市社会分层进行了详细研究，下文将借鉴他们的研究方法对武汉市的社会分层进行研究。

差也在允许范围内。但是抽样数据中有些缺失值,由于无法断定是否为随机缺失,研究时没有考虑这些缺失值。并且1990年与2000年武汉街道区域划分有所调整,为了使研究口径一致,我们以2000年的街道区域划分为标准对1990年武汉人口普查的街道人口资料进行了调整。[①] 有关经济、交通、土地利用等资料主要来源于各年度的武汉统计年鉴、城市统计年鉴以及武汉市若干年度总体规划等。此外,对武汉外来人口的相关研究还运用了我们2005年外来人口调查资料。[②]

实证研究对象主要是武汉市。根据研究的需要和所能利用的资料,我们将武汉市按行政区划分为市区(包括江岸区、江汉区、硚口区、汉阳区、武昌区、青山区、洪山区7个主城区以及东西湖区、汉南区2个郊区)和郊县(蔡甸、江夏、黄陂、新洲4个区)两个大的部分。其中市区又根据建成区形成的阶段,以2000年人口普查的街道乡镇为基础进一步划分成4个层次,分为:老城区,共35个街道;新城区,共40个街道;城郊接合区,共14个街道或乡镇;远郊区,共26个乡镇或街道。这样,如果加上郊县4个区的街道、乡镇,整体上将武汉市划分成5个不同的圈层。如图4-2反映的是7个主城区街道乡镇的圈层划分,共87个街道、乡、镇。武汉市主城区街道划分矢量图来源于武汉城市规划设计研究院,以下章节对街区图的使用不再说明其来源。

① 按2000年的街道区域划分为标准对1990年武汉人口普查的街道人口资料进行调整的主要内容包括:将原鄂城墩街人口计为1990年的台北街人口;将原统一街人口计为1990年的民权街人口;将原江汉乡村人口3等分后分别计为1990年的唐家墩街、常青街、汉兴街人口;1990年原汉正街有20个居委会与社区,其中有9个并为2000年的崇仁街,余下11个与1990年的利济街、三署街、宝庆街、新安街合并为现在的汉正街,以此为依据将其人口调整为:将原汉正街人口的9/20计为1990年的崇仁街人口,其余的11/20加上利济街、三署街、宝庆街、新安街人口及其辖区水上派出所管理人口计为1990年的汉正街人口;此外,1999年各辖区水上派出所管理人口分别并入其所属街道。街道调整情况经武汉市民政局区划地名办曹雨生主任核实。

② 2005年7月,我们在武汉市7个主城区进行了一次外来人口典型调查,调查采取随机抽样的方法,抽取7个主城区的50个社区,共涉及44个街道;每个社区又随机抽取15户外来人口户作为调查对象,选择其中的12户组织专门调查员入户调查,共发出问卷600份,回收600份,回收率100%;其中有效问卷593份,有效率98.8%。

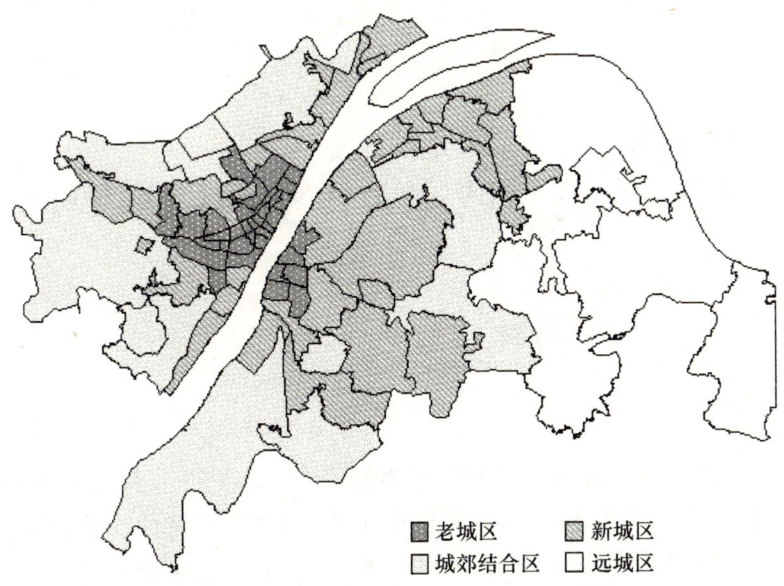

图 4-2　武汉市主城区街道圈层划分①

资料来源:武汉城市规划设计研究院。

另外,在研究旧城改造对社会空间结构的影响时,使用 2000 年普查资料中关于迁移原因的调查资料,将“拆迁搬家”及“随迁家属”两项都作为是由旧城改造引起的,存在一定误差。但是考虑到其他原因的随迁人口较少(尤其是市内迁移人口),所以在研究市内因旧城改造的搬迁时依然把“随迁家属”作为其中一项处理。

---

① 四个圈层的划分以市区 9 个城区街道乡镇为单位进行,其中老城区具体包括以下街道:上海街、大智街、一元路街、车站路街、四唯路街、永清街、西马街、球场街、劳动街、民族街、花楼街、水塔街、民权街、满春街、民意街、新华街、唐家墩街、前进街、宗关街、汉水桥街、宝丰街、荣华街、崇仁街、汉中街、汉正街、六角亭街、翠微街、晴川街、月湖街、积玉桥街、新河街、粮道街、中华路街、黄鹤楼街、首义路街;新城区具体包括以下街道:二七街、新村街、丹水池街、岱山街、台北街、花桥街、谌家矶街、万松街、北湖街、易家墩街、韩家墩街、建桥街、五里墩街、鹦鹉街、洲头街、琴断口街、江汉二桥街、杨园街、徐家棚街、紫阳街、白沙洲街、中南街、水果湖街、珞珈山街、石洞街、红卫路街、钢花村街、冶金街、新沟桥街、红钢城街、工人村街、青山镇、厂前街、武东街、白玉山街、珞南街、关山街、狮子山街、张家湾、红旗街;城郊接合区包括以下街道乡镇:后湖乡、常青街、汉兴街、长丰乡、江堤乡、永丰乡、武汉市良种场虚拟乡、葛化街、洪山乡、青菱乡、和平乡、东湖开发区虚拟镇、吴家山、纱帽;远城区包括:花山镇、左岭镇、九峰乡、建设乡、天兴乡、武钢北湖农场虚拟乡、新沟镇、柏泉办事处虚拟街、三店办事处虚拟街、李家墩办事处虚拟街、慈惠墩办事处虚拟街、走马岭、常青花园开发区虚拟街、径河办事处虚拟镇、长青办事处虚拟镇、荷包湖办事处虚拟镇、新沟办事处虚拟镇、辛安渡办事处虚拟镇、东山办事处虚拟镇、邓家口镇、大咀乡、水洪乡、东城垸农场虚拟镇、乌金农场虚拟乡、汉南农场虚拟乡、银莲湖农场虚拟乡。图中显示的主要是 7 个主城区街道、乡镇,远城区的大部分乡镇街道不包括在内。

第五章
旧城改造与城市人口空间结构变化

我国大城市上规模的旧城改造多始于20世纪80年代，而真正发展起来是90年代以后的事情。北京市1990—2000年累计改造危旧小区168片，竣工53片，竣工面积1450万平方米，拆除危旧房屋499万平方米，动迁居民18.4万户；杭州1986—1999年6月共拆迁房屋建筑面积874.73万平方米，被拆迁居民及单位11万多户[①]；上海1991—2000年共拆除各类危旧房2787万平方米，动迁居民64万户，建造住宅1亿多平方米[②]；武汉市仅2003年一年就拆除房屋建筑面积292万平方米，动迁2.5万户。[③] 大规模的旧城改造重塑了城市景观，对传统的城市空间造成了巨大冲击。本章主要从旧城改造与城市居民的流迁、企业搬迁、不同圈层产业结构变化与市内人口流迁的角度研究转型期城市人口空间结构的变化。

第一节 旧城改造与市内人口流迁

大规模旧城改造使得城市居民因"拆迁搬家"的原因产生迁移行为，对城市空间结构的影响首先表现在城市人口分布的变化上。为了验证这一点，我们用2000年第五次全国人口普查0.095%的抽样资料分析城市

---

① 冯健：《转型期中国城市内部空间重构》，科学出版社2004年版，第208页。

② 徐明前：《关于上海新一轮旧区改造的思考》，《城市规划》2001年第25卷第12期，第21页。

③ 张林：《2004武汉市规划国土年鉴》，武汉出版社2004年版，第3页。

人口迁移的主要原因。如表5-1所示,从全国范围内来看,人口迁移的首要原因是"务工经商",约占31%,"拆迁搬家"与"随迁家属"两项大致可以用来衡量由于旧城改造而造成的人口迁移水平,约占27%,具有相当大的比重。考虑到转型期我国迁移人口中大多数是农村人口因"务工经商"的原因而发生迁移,为了更直观地考察城市人口因旧城改造而发生的迁移水平,我们选择非农业户口人口的迁移原因进行大致分析,可以发现"拆迁搬家"是非农业人口迁移的主要原因,如果加上"随迁家属",两项所占比重超过了40%!尽管这些迁移人口既包括在市镇范围内迁移的人口,也包括迁出市镇以外的迁移人口,但是我们仍然可以看出旧城改造对非农业人口的流迁起到了相当大的促进作用。

表5-1 2000年全部人口与非农业人口迁移的原因(%)

迁移原因	全部人口	非农业人口
务工经商	30.89	9.06
工作调动	4.16	7.61
分配录用	3.13	6.05
学习培训	11.50	18.00
拆迁搬家	14.61	27.61
婚姻迁入	12.16	6.91
随迁家属	12.92	13.64
投亲靠友	5.05	4.65
其　　他	5.57	6.47
合　　计 (样本数)	100.00 (124519)	100.00 (58405)

资料来源:根据2000年全国人口普查资料0.095%的抽样数据计算。

由于我们研究的是城市内部空间结构问题,我们选择一些具有代表性的城市如北京、天津、上海、重庆、广州、兰州,来分析大城市人口内部迁移的规模及其原因。如下表所示,这些城市市内迁移人口在城市总人口中占有相当大的比重,说明城市内部人口迁移具有较大的规模。通过对市内迁移原因的研究,一致的结果显示其首要原因是"拆迁搬家",大多数城市占到三分之一以上,最高的接近三分之二。如果再加上"随迁家属"这一项,多数城市都超过半数。可见,旧城改造所造成的拆迁搬家是转型期我国城市人口空间分布变化从而导致城市空间结构变化的主要原因之一。

表 5-2 代表性城市市内迁移人口规模及迁移原因(%)

		北京	天津	上海	重庆	广州	兰州
市内迁移占总人口比重		7.65	12.39	11.20	7.50	8.22	10.87
迁移原因	务工经商	6.92	2.58	5.35	19.07	22.52	5.95
	工作调动	5.16	0.56	0.91	3.57	4.25	3.57
	分配录用	5.86	1.12	2.94	2.79	1.42	2.68
	学习培训	7.27	5.72	5.41	7.60	1.67	2.98
	拆迁搬家	40.91	65.21	53.62	29.46	38.10	41.67
	婚姻迁入	8.56	5.61	4.89	13.64	7.59	13.39
	随迁家属	15.24	6.62	10.70	9.46	16.60	14.58
	投亲靠友	4.81	1.57	3.72	9.30	4.76	2.38
	其　　他	5.28	11.00	12.46	5.12	3.09	12.80
	合　　计（样本数）	100.00（853）	100.00（891）	100.00（1533）	100.00（645）	100.00（777）	100.00（336）

资料来源:根据 2000 年全国人口普查资料 0.095% 的抽样数据计算。

以上我们仅仅从宏观层面上大致了解到旧城改造造成了城市人口大规模的市内迁移行为。下面我们以武汉市为例,从微观层面进一步分析旧城改造导致的城市人口空间分布的变化情况。

一、武汉市内迁移人口规模及流向

前面利用2000 年第五次全国人口普查 0.095% 的抽样资料研究了几个具有代表性城市的市内迁移人口规模。根据武汉市 2000 年人口普查 1% 的人口抽样资料,我们进一步研究武汉市内迁移人口的规模。结果表明市内迁移人口约占总人口的 9.00% 。如果我们根据迁出地的构成情况,将迁入武汉市的人口分为四类,第一类是从武汉市内迁移的人口,其所占比例最高,为 41.1%;第二类是从武汉市郊县迁入的人口,占 11.3%;第三类是从湖北省其他县市迁入的人口,占 31.8%;第四类是从湖北省以外地区迁入的人口,占 15.8%。不同类型的迁移人口,其迁移的主要原因有很大差异。我们把市内迁移作为一类迁移人口,郊县及市外迁入作为另一类迁移人口,比较他们迁移原因的差异情况。可以发现,从迁移原因的构成上看,市内迁移的人口中,其首要的迁移原因是"拆迁搬家",占全部迁移的 1/3 以上,加上"随迁家属"一项,两者占比超过半数。而从其他地区迁入武汉市的人口,主要的迁移原因包括"务工经商"

和"学习培训"两项,各占总迁移人口的1/3以上,两项之和超过2/3。

表5-3 各类迁出人口的迁移原因构成(%)

迁移原因	市内迁移	郊县及市外迁入
务工经商	8.84	34.55
工作调动	2.98	3.27
分配录用	2.64	1.78
学习培训	12.05	34.06
拆迁搬家	36.75	2.45
婚姻迁入	7.98	4.87
随迁家属	16.97	12.02
投亲靠友	2.80	3.48
其　　他	8.99	3.51
合　　计 (样本数)	100.00 (6971)	100.00 (9986)

资料来源:根据2000年武汉市人口普查资料1%的抽样数据计算。

从迁移人口的流向看,对于不同类型的迁移人口,不仅其迁移原因不同,而且其迁入武汉市后的空间分布也存在很大差异。市内迁移人口不同于一般迁移人口,其空间行为特征和外来迁入人口往往有很大差别。从表5-4可以看出,武汉市市内迁移的人口中,分布在新城区和城郊接合区的比重明显高于总体的分布水平;从郊县迁出的人口的主体,则还是分布于郊县;从省内迁入的人口,较多地集中在老城区,而从省外迁入的人口,则更多地分布于新城区。

表5-4 各类迁出人口的迁入地区分布(%)

迁出地 迁入地	市内	郊县	省内*	省外	合计
老城区	24.62	11.30	26.17	22.59	23.29
新城区	54.88	18.41	48.30	54.14	48.56
城郊接合区	16.24	11.14	13.36	9.90	13.75
远郊区	3.82	2.35	4.39	4.14	3.89
郊县	0.44	56.80	7.78	9.22	10.52
合计 (样本数)	100.00 (6971)	100.00 (1912)	100.00 (5396)	100.00 (2678)	100.00 (16957)

* 注:从省内迁入的人口中不包括从武汉市迁入的人口。

资料来源:根据2000年武汉市人口普查资料1%的抽样数据计算。

我们进一步分析因旧城改造的原因所导致的市内迁移人口的空间分

布，可以看出各城区因旧城改造原因迁出的人口主要分布在新城区，分布在老城区的人口也占了一定的比重。

表 5-5 各城区因旧城改造迁移人口的圈层分布(%)

迁入地 / 迁出地	老城区	新城区	城郊接合区	远郊区	郊县	合计(样本数)
江岸区	38.0	50.9	8.6	2.4	—	100.0(860)
江汉区	34.2	30.7	29.6	5.5	—	100.0(544)
硚口区	48.2	27.1	21.5	3.2	—	100.0(465)
汉阳区	15.7	77.5	5.8	0.9	—	100.0(325)
武昌区	26.8	65.8	6.2	1.3	—	100.0(634)
青山区	1.3	91.9	6.6	—	0.2	100.0(528)
洪山区	1.3	63.0	32.6	2.6	0.4	100.0(228)
东西湖	1.0	3.9	61.8	33.3	—	100.0(102)
汉南区	6.8	13.6	78.0	1.7	—	100.0(59)
合　计	26.0	54.5	16.3	3.2	0.1	100.0(3745)

资料来源：根据 2000 年武汉市人口普查资料 1% 的抽样数据计算。

作为城市人口增长的主要动因，迁移人口的流向对城市空间形态的变化起着重要作用。在以下的研究中，我们可以进一步看到迁移人口对城市人口空间分布变化所产生的影响。

二、1990—2000 年武汉市不同圈层人口的增长

一般而言，城市人口的增长有两个来源：一是自然增长，二是机械增长。从武汉市的情况来看，1975 年之前，武汉市人口自然增长率较高，人口变化受经济计划、区划变动的影响，起伏波动大。1975 年之后，人口开始平稳增长，机械增长逐渐在人口增长中占主要地位。在机械增长中，城区和郊区的状况不同。据统计，近年来在全武汉市人口机械增长中，城区所占比例不断上升，1991 年为 99%，1996 年为 113%，郊区人口机械增长变为负值。这表明武汉市人口机械增长主要集中在城区，而且城郊人口还在不断向城区集中。[①]

根据武汉市第四次、第五次人口普查资料，从总人口增长的情况看，

① 侯伟丽：《武汉人口与可持续发展》，载苏建平主编：《武汉当代人口研究——武汉市第五次全国人口普查论文选集》，武汉市第五次人口普查办公室，2002 年 10 月，第 4 页。

20世纪90年代期间,全武汉市人口增加了近115万,年均增长率1.55%,比80年代年均增长率下降了0.5个百分点。如果着眼于市域内部,可以发现武汉市不同圈层人口的增长率有显著的差异:老城区和远郊区的人口增长比较缓慢,年均增长率不到1%;新城区和城郊接合区人口增长较快,特别是城郊接合区,人口年均增长率将近10%,而郊县人口出现负增长。从人口圈层分布的变化情况来看,人口在向市区聚集的同时,老城区人口向新城区和城郊接合区分散的趋势也十分明显。

表5-6　20世纪90年代武汉城市人口增长状况

	1990—2000年人口增长量(人)	1990—2000人口年均增长率(%)	1990年人口圈层分布(%)	2000年人口圈层分布(%)
老城区	70317	0.47	21.36	19.19
新城区	624900	2.91	27.23	31.12
城郊接合区	438429	9.29	4.44	9.25
远郊区	35921	0.91	5.50	5.16
市区合计	1169568	2.58	58.53	64.73
郊县合计	-24613	-1.82	41.47	35.27
全市合计	1144955	1.55	100.00	100.00

资料来源:根据1990年、2000年武汉市人口普查资料机器汇总数据及2000年1%的抽样数据计算。

从分街道人口的变化情况看,如图5-1,老城区35个街道中有18个出现人口负增长;新城区中只有青山区的少数街道如工人村街、青山镇街、厂前街、武东街、红钢城街的人口为负增长,而其他街道人口都有增加;城郊接合区所有街道人口增长迅速,远城区花山镇、左岭镇、天兴乡的人口为负增长。

从图5-1上看,也可以发现类似特点。老城区多数街道人口密度减少,新城区街道人口密度增加,城郊接合区街道人口密度增加最快,远城区街道人口密度也有减少。

对于武汉人口空间分布发生这些变化的原因,如前所述,由于机械增长已成为武汉人口增长的主要部分,那么迁移人口的地区分布很大程度上影响城市人口的分布。从1995年至2000年迁入武汉市的人口来看,他们主要分布在新、老城区,合计约占72%。同时,迁移人口的分布情况还受到迁入地区人口基数的影响。为了反映人口迁入的强度,我们计算各圈层迁入人口占其总人口的比重。可以看出迁移人口的迁入地区指向不同。迁入新城区的强度最高,迁入城郊接合区的次之,两者差异并

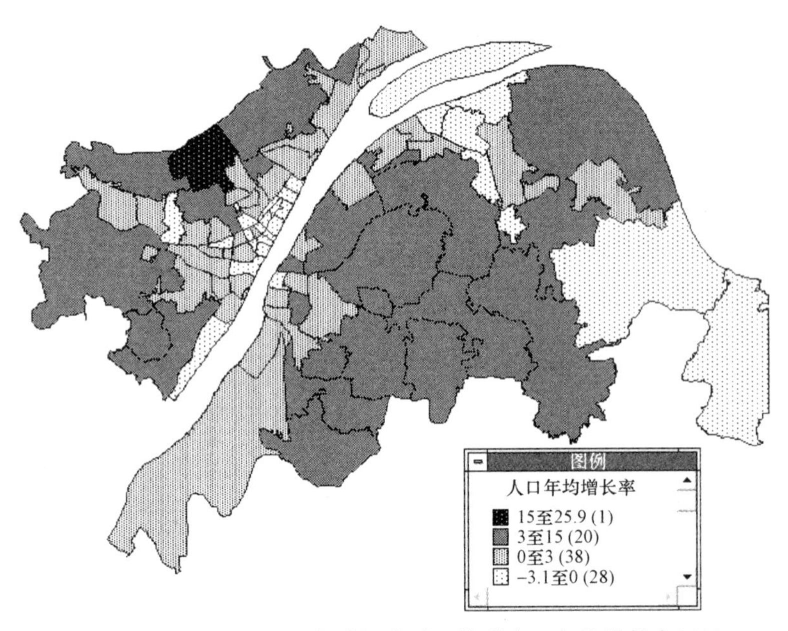

图 5-1　1990 年至 2000 年武汉主城区街道人口年均增长率(%)

资料来源:根据 1990 年、2000 年武汉市人口普查资料机器汇总数据计算。

不大,迁入其他城区的强度明显低于前面两类。可见迁移人口迁入城市各圈层的强度不同,使得城市人口的圈层分布存在较大差异。

表 5-7　武汉市迁入人口的圈层分布(%)

迁入地	全部迁入人口的圈层分布	全部迁入人口占迁入地总人口比重	因旧城改造迁入人口占迁入地总人口比重
老城区	23.29	27.02	6.66
新城区	48.56	34.02	8.43
城郊接合区	13.75	33.38	8.76
远郊区	3.89	16.29	2.91
郊县	10.52	6.47	0.01
合计 (样本数)	100.00 (16957)	21.90 (16957)	4.84 (3745)

资料来源:根据 2000 年武汉市人口普查资料 1% 的抽样数据计算。

从因旧城改造的迁入人口占各圈层人口比重来看,也具有类似的特点,迁入新城区与城郊接合区的强度最高,而且具有相当大的规模。从一定程度上说明了旧城改造对城市人口空间分布的影响。

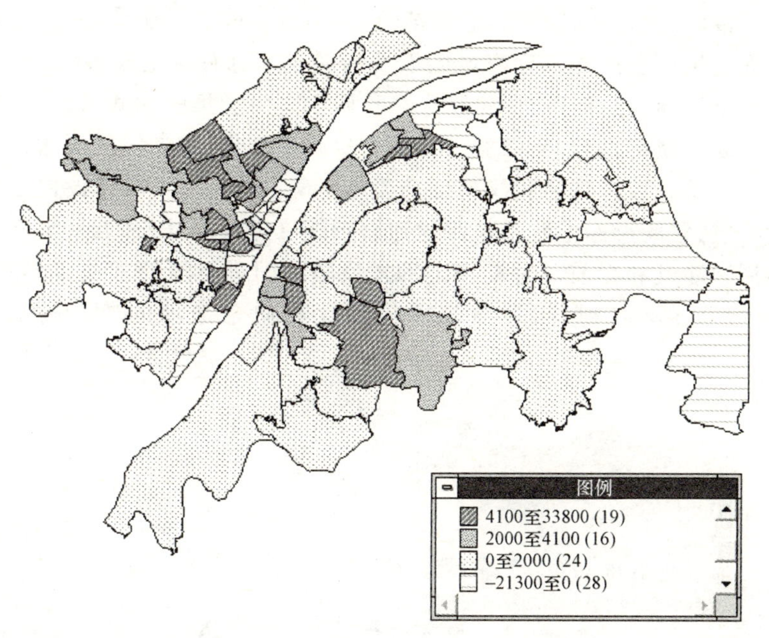

图 5-2　1990 年至 2000 年武汉主城区街道人口密度变化(人/平方公里)

资料来源:根据 1990 年、2000 年武汉市人口普查资料机器汇总数据计算。

第二节　旧城改造、工业扩散与市内人口流迁

一、武汉城市建设发展历程

武汉城市的发展,大致经历了三个主要阶段。第一阶段从 19 世纪到 20 世纪中期,经过汉口开埠、洋务运动,到武汉三镇城市形态初步形成,构成现在的老城区,且先后修筑、重修了张公堤、武青堤和纸金堤,使"泽国化为陆地",市区范围迅速扩大,成为武汉市至今城市发展的基本范围。20 世纪 50 年代至 70 年代是武汉城市发展的第二个重要时期,从 50 年代国家重点工程建设到"三线"建设时期,国家先后在武汉重点投资兴建了武汉钢铁厂、武汉重型机床厂、青山热电厂、武汉锅炉厂、武汉造船厂等规模巨大的现代化工厂,迅速形成多个分散的综合组团。这些成就了武汉作为老工业基地的底子,武汉也因此从一个商贸城市演变成为中国第四大的工业城市。这对武汉市的城市空间结构产生了两个重要的后果:一

是武汉市原有繁华的城市中心逐渐消失,为众多的工厂所代替;二是由于当时大量工厂选址并未远离城区以及当时企业办社会的思路,武汉的内城变得更加拥挤。同时,国家将大量科研教育力量集中在武汉,武汉城市功能不断扩展与提升,武汉城市形态发生明显变化,在老城区周边形成新城区。改革开放以来是武汉市城市发展的第三阶段,城市建设以居住区建设为主,空间形态上除沿新修建道路轴线推进发展外,开始转向在原有用地周边蔓延和在前一时期伸出的发展轴之间进行填充发展,城市形态的"指状"逐渐变粗,因过分填充而演化趋向于饱满的"折扇状"(图5-3)。

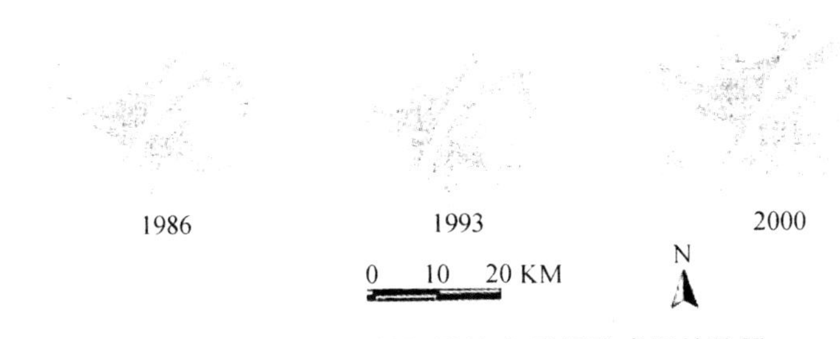

图 5-3 1986、1993、2000 年武汉建成区扩展图

资料来源:董宏伟:《转型经济条件下城市空间结构的演变——以武汉为例》,武汉大学硕士学位论文,2004 年,第 28 页。

20 世纪 90 年代随着深化改革的发展,城市建设迎来了高潮,吴家山工业区、沌口、东湖开发区的成立和发展成为新的跳跃式发展的动力。空间形态上,轴向推进仍在继续,但力度开始减弱;填充式发展的余地也所剩无几;跳跃式发展成为重点,形成汉口常青组团、汉阳沌口组团、武昌关山组团三个大的新发展区,突破了原有用地框架的束缚,在"一五"分散式重点工业建设之后维持了近 30 年的用地结构得到重大调整,为三镇获得新的发展空间。住宅建设继续向城市近郊扩展,出现大量新型住宅小区,特别是伴随经济开发区建设,在城郊结合部形成新的增长区域。总的来看,武汉城市空间形态的变化,一是不断向外扩展,二是向内填充。①

① 杨云彦、田艳平、易成栋、何雄:《大城市的内部迁移与城市空间动态分析——以武汉市为例》,《人口研究》2004 年第 2 期,第 48 页。

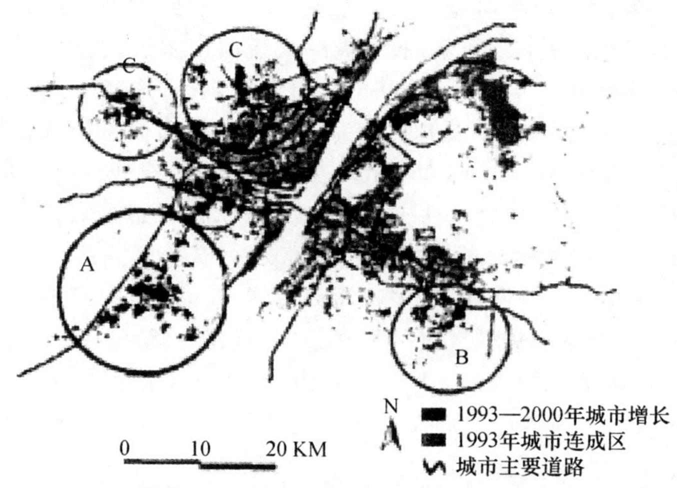

图 5-4 1993 至 2000 年武汉主城区增长

注:A 为沌口武汉经济技术开发区;B 为东湖高新技术开发区;C 为吴家山工业区。

资料来源:董宏伟:《转型经济条件下城市空间结构的演变——以武汉为例》,武汉大学硕士学位论文,2004 年,第 29 页。

二、武汉市工业发展的空间变化

近 20 年来,武汉市的工业、居住和公用及市政公用设施用地增长都比较快。1986 年,武汉市的总工业用地为 45 平方公里,占总建设用地的 31.7%。2002 年,武汉市的总工业用地为 57.88 平方公里,较 1986 年增长了 28.6%,占总建设用地的 23.2%,较 1986 年下降了 8.5 个百分点。伴随建国以来武汉城市建设的发展,武汉市工业的空间布局也经历了几个阶段的变化①:

1949—1960 年,汉口地区主要在解放大道沿线向两侧填充扩展和向两端轴向延伸,形成堤角工业区和易家墩工业区;汉阳地区主要在旧城与汉阳大道、拦江堤间相对紧凑地填充发展;武昌地区重点企业远离旧城进行建设,形成相对分散的空间布局,特别是武钢及其配套生活区形成了一个规模巨大的独立组团。

1960—1980 年,汉口地区继续沿解放大道两端轴线推进发展,同时

① 罗名海:《武汉市城市空间形态演变研究》,《经济地理》2004 年第 24 卷第 4 期,第 485—489 页。

沿新修道路向北腹地纵深发展,形成唐家墩工业区,呈现“手指状”的发展态势;汉阳地区以主城为基础,沿鹦鹉大道向南发展,在拦江堤和长江之间形成鹦鹉洲工业区,同时沿汉阳大道向西发展,形成七里庙工业区,呈现“L”形的发展形态;武昌地区向东沿武珞路—珞瑜路发展,形成石牌岭工业区和关山工业区。向南沿武咸公路发展,形成白沙洲工业区。向北沿中南—中北路形成中北路工业区,沿和平大道形成余家头工业区。

1980—1990年,汉口地区旧京汉铁路外移以及北侧腹地建设大道、发展大道、青年大道的修建,使城市得以大规模向北纵深腹地发展,形成鄂城墩、北湖、花桥等规模巨大的居住组团;汉阳地区主要沿汉阳大道继续向西推进,形成大规模的二桥居住组团;武昌地区配合青山工业区修建了钢花居住组团,配合中北路工业区修建了东亭居住组团,空间形态整体上呈现轴向变粗、组团靠拢的趋势。

1990—2000年,汉口地区以发展大道为轴线向两侧发展,向内、向外迅速填满了与建设大道、新京广铁路线之间的空隙,以常青路、姑嫂树路组成轴向发展走廊,向北连片发展到张公堤,并跨越张公堤开发形成规模巨大的常青居住组团,开始向铁路线以外寻求发展空间;汉阳地区以汉阳大道为轴线继续向西发展,武汉经济技术开发区形成规模巨大的“飞地”组团;武昌地区,东湖高新科技开发区的成立促进了向东的大发展,形成关东、关南工业园为主的关山组团。南湖机场搬迁后开发了规模较大的南湖花园居住区,北部以徐东路—和平大道—冶金街为轴线,分别由南、由北向中间推进,开始填满青山组团与武昌旧城之间的空隙。

1992年起,特别是近些年,武汉市开始下大力气改造旧城,改善老城城市面貌,重建城市中心特别是城市的CBD,大量的人口和产业开始外迁。这样一个至今仍在持续的城市旧城改造对武汉市城市空间扩展产生了两个方面的推动力:一是旧城改造造成大量的产业和人口外迁,而这些外迁的产业和人口都必须在城市边缘地区找到新的用地,这就对武汉市的城市扩展产生了“推力”;另一方面,由于旧城改造和城市CBD的建设,旧城特别是城市中心地带的土地价格大幅上升,拆迁费一升再升,开发旧城以及城市中心的土地成本大大增加,这导致大量新的投资选择在城市边缘地带投资,这又对武汉市的城市扩展产生了“拉力”。

比较武汉市若干年度的城市总体规划,可以发现,实施旧城改造以来,城市工业用地逐渐退出市中心和城市建成区,逐渐集中在城市建成区边缘。如1979年的城市总体规划中,武汉市城市工业用地分布较散,大部分集中在武昌、汉阳和汉口的西北部。除了汉口的工业用地分布较偏,处于城市建成区边缘之外，工业用地在武昌和汉阳的城市建成区分布很广，而且占地的数量和比例都很高，特别是汉阳，该区将近一半的规划用地都被用作工业用途。1988 年的武汉市城市总体规划中，武汉市的城市工业用地绝对数量上稍有增长，但比重开始大幅下降。在布局上，城市工业用地体现在两个方面：一是虽然城市工业用地分布在城市建成区中心的数量没有明显变化，但新增加的城市用地基本都集中在城市建成区的边缘位置；二是虽然城市工业用地在总量上变化不大，但是在布局上开始集中。至 1996 年的武汉市城市总体规划，原来分布在武昌和汉口的城市工业用地基本上已经全部退出城市中心区，武汉市的城市工业用地绝大部分已经集中在四个区域：沌口的武汉经济技术开发区、东湖高新技术开发区、吴家山工业区以及青山红钢城①，见图 5-5。

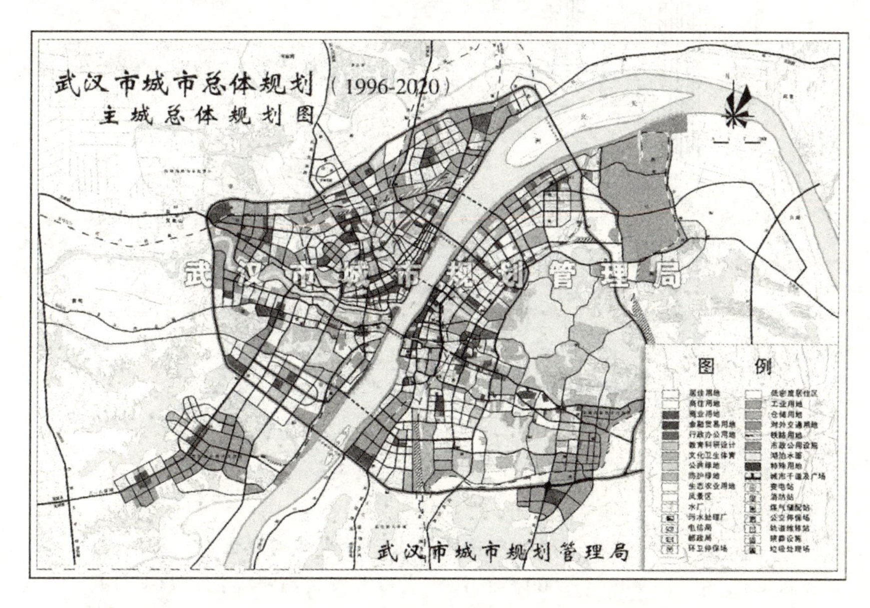

图 5-5　1996—2020 年武汉城市总体规划工业用地分布

资料来源：武汉市城市规划管理局：《武汉市城市总体规划（1996—2020）》。

此外，在 1996 年武汉市的城市总体规划中，武汉市确定阳逻、北湖、宋家岗、蔡甸、常福、纸坊、金口等七个重点镇，是武汉市外延发展的重点，并规划通过国家公路主干线、铁路、港口等大型项目的建设布置，带动人

---

① 董宏伟：《转型经济条件下城市空间结构的演变——以武汉为例》，武汉大学硕士学位论文，2004 年，第 40—41 页。

口、工业和一批大的项目工程向其集聚,促使其形成规模。但是从实施效果来看,武汉市七个重点镇的建设并不成功,未能有效吸引旧城及新增的人口、资金、建设,城市新增的人口及城市建设仍然集中在城市建成区边缘和几个开发区中。

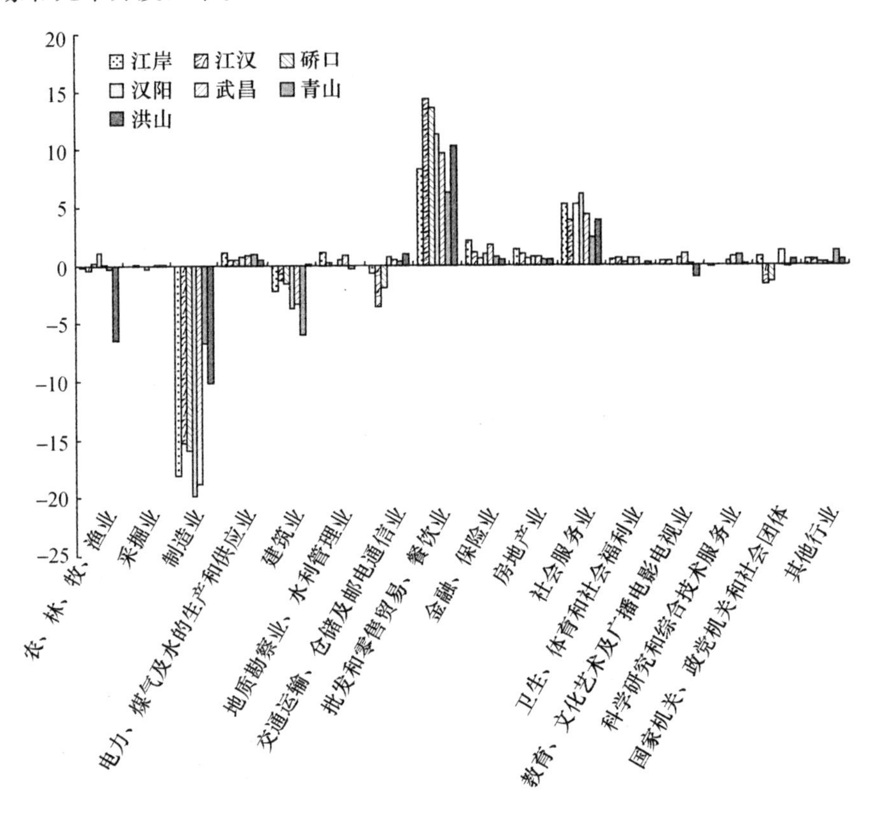

图 5-6　1990—2000 年主城区人口行业结构变化(%)[①]

资料来源:根据 1990 年、2000 年武汉市人口普查资料机器汇总数据计算。

通过比较 1990—2000 年主城区人口就业行业的变化,也可以较为清晰地看出主城区工业的变化情况。如图 5-6,主城各区从事制造业的人口均有较大幅度的下降,同时从事批发和零售贸易、餐饮业的人口增加迅速,从事社会服务业人员也有较大增长,反映出主城区工业就业的衰退,第三产业就业的增长趋势。

---

① 普查资料中 2000 年与 1990 年行业划分存在一定差异,本书按照 2000 年的行业划分进行了调整。

第三节　旧城改造、产业结构调整与市内人口流迁

20 世纪 70 年代后期以来，武汉市产业结构发生了很大变化，这个变化过程大致经历了三个阶段[①]，如图 5-7 所示，每一阶段都使城市用地结构出现了相应的变化。

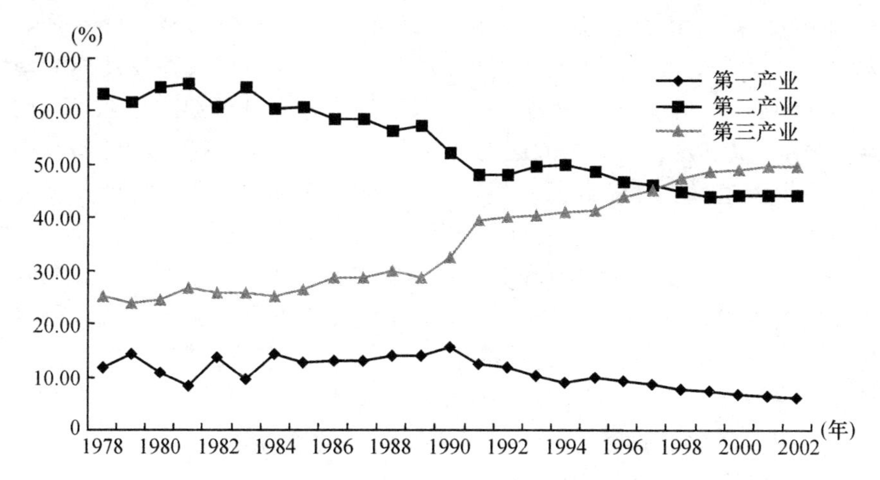

图 5-7　1978—2002 年武汉产业结构变化

资料来源：根据武汉市各年度统计年鉴数据计算。

1978 年至 1984 年是武汉市经济恢复时期，第三产业逐渐恢复，主要是满足城市日常生活的需要。第二产业仍然以重型工业结构为主作为发展方向，在冶金、机械、纺织等传统工业方面也有发展。第一产业发展迅速，主要解决粮食产品的需求。这一阶段用地结构的基本情况是，第三产业用地逐渐在旧城增加，汉口老城区的沿江大道、江汉路、汉正街、解放大道西大街逐渐成为商业区，一些住宅底层演变为商业门面；武昌已有的商业区司门口的商业也繁荣起来，商业区域逐渐扩大；第二产业用地情况，建国前形成的食品、轻纺、机械修配工业分布在汉口、汉阳及武昌各城区即城市中心区以内，与居住、商业用地相互混杂。重工业为武汉市主要发展产业，其占地面积较大并集中布局在新城区以外的青山区，其他工业用

① 李军、谢宗孝、任晓华：《武汉市产业结构与城市用地及空间形态的变化》，《武汉大学学报（工学版）》2002 年第 35 卷第 5 期，第 29—32 页。

地比较分散，占地面积也不大，也未充分考虑其发展。在1979年武汉市城市总体规划的用地分类中，第三产业用地主要以"大专院校和科研机构"为主，市区商业中心散落分布在武汉市的市区，除了在汉口有唯一的一条中山大道商业区成线状分布外，其他均为点状分布，没有任何成规模的城市商业、金融或者其他服务中心。

1985—1992年是武汉市产业结构初步调整时期，最大特点是第一、二产业向第三产业转移，第三产业占GDP的比重由1985年的26.4%上升到1992年的40.1%，第二产业则由60.8%下降到48.0%。第三产业发展主要是传统领域行业比较突出，如商业、小商品贸易，并发展成为中南地区小商品贸易中心。房地产行业和交通服务业开始起步。在城市用地布局上，城市核心汉口老城区的江汉路、六渡桥、汉正街等传统商业中心和中山大道、航空路商业街在武汉市的商业贸易中心地位得到加强和发展。老城区功能的提升，使这一地段城市土地与空间得到开发，原有质量好的公共建筑被重新改造和装修而得到充分利用，一些危房、低层、临时建筑被拆除，原来街办小作坊、工厂被拆除，新的商业建筑在这里得以建设。此外，处于城市中心的武昌中南路、汉阳钟家村，由于城市规模增长及第三产业发展需要也逐渐成为市级商业中心的雏形。汉口新火车站在城市建成区北部的建设带动了周边地区的发展，使得城市向新城区以北的城郊结合地段扩张，中心区的一些工厂搬迁到新火车站以北，老城中心区原来的工业用地置换为第三产业开发用地。城市老城区内的武昌三层楼至积玉桥区段，因纺织行业下滑再加上原有厂房设备老化而无法自我更新，其土地也被置换出来，用于房地产开发，形成商业及住宅用地。新城区以内第一产业也逐渐转换为第二、三产业用地。在1988年的武汉市城市总体规划中，涉及第三产业的用地类别有"大专院校和科研机构"用地及"商业贸易"用地。与1979年的城市总体规划相比，"大专院校和科研机构"用地变化不大，稍有增长，但"商业贸易"用地变化明显，不仅数量上大幅增长，而且在布局上已经开始呈线状和片状分布，用地规模明显增大。当时的商业贸易用地主要集中在汉口，主要呈网状分布，在武汉也开始出现商业贸易区。

1992年开始旧城改造以来，武汉市产业结构发生显著变化，第一、二、三产业比例由1992年的11.9:48:40.1到1998年的7.9:44.7:47.4，第三产业所占比例超过了第二产业比例。在各产业结构内部，行业不断地升级，第二产业在大力进行传统工业产品结构和质量提升的同时，加快了其他高新技术产业，如光纤光缆、通信、电子、生物工程及汽车制造业等的建设。第三产业内部结构也正在逐渐升级，传统的商业、贸易、交通服务等行业稳步发展，信息服务、金融保险、房地产、旅游等也逐渐发展起来。城市用地结构相应的变化是：在建成区边缘地带新城区附近，第二产业中新的产业项目发展，使城市向城郊接合区扩张，1992 年至 1998 年城市建设用地建成区面积增加了 10 平方公里。城市向西南方向第三圈层发展，在汉阳沌口，汽车产业的发展形成汽车城。城市向东、南方向第二圈层边缘发展，在关山口、庙山地带形成高新技术产业开发区，光纤光缆、通信技术、生物工程等产业成为开发区的支柱产业。城市向东方向发展，在阳逻镇形成工业和物流中心。

随着新产业在城市新城区边缘形成，中心区内环能够更新的产业向外搬迁，某些产业被淘汰，老城中心区的工业用地及仓储用地被置换为商贸、金融、信息服务、商住用地。而核心区原有办公用地、低级住宅用地也随之置换用于发展金融、商贸、娱乐。尤其是核心区内的第三产业内部结构升级，原有一些低级别的商业、中小型商场被拆除或改建、扩建，成为几个大型的商业娱乐中心。至 1996 年的城市总体规划，汉口、武昌、汉阳三个区都已经开始形成各自的商业贸易中心，特别是武昌和汉口，商业和贸易用地已经不再是线网状分布，开始大规模地集中在城市中心。由于商业贸易和办公用地的集中以及工业和居住用地的外迁，武汉市开始在汉口形成全市的城市中心并在武昌和汉阳形成全市的次中心。由于商业贸易和办公用地的集中以及工业和居住用地的外迁，在江汉路、六渡桥、汉正街等传统商业区的基础上，一个以中山大道为主轴，以商业零售、餐饮、娱乐、旅游等服务为主的城市中心已经基本形成。王家墩机场一带，武汉市正在打造华中地区的 CBD。同时，武昌的中南路、汉阳的钟家村也在形成服务于本区的商业副中心。与武汉市的产业结构调整政策相适应，武汉市还制定了在城区“腾二换三”的政策，即将城市中心地带的工业企业迁出，腾出土地用于发展商贸、金融、娱乐和房地产等第三产业。1996 年的武汉市城市总体规划明确规定：“规划期内武汉的工业发展重点应逐步转移到城镇地区，以促使市域范围内的第三、二、一产业圈层的形成，并带动重点镇建设发展。”这些政策都直接促进了武汉市的工业用地外迁以及第三产业在武汉城区的快速发展。

伴随武汉产业结构的调整，三大产业就业人口的比例也发生变化，根据三次普查资料，武汉市三大产业就业人数比例由 1982 年的 39.5:37.5:23 变为 1990 年的 36.2:34.5:29.3，再变为 2000 年的 33:24.8:42.2，就业结构由“一二三”转变为“三一二”，第三产业的就业人数不断增加，第一产业的就业人数不断减少，就业结构正向合理的方向转化。[①] 同时，在城市不同圈层各产业就业人口的比例也存在差异，如表 5-8 所示，老城区、新城区和城郊接合区第三产业人口就业比重都很高，其中老城区最高；而新城区和城郊接合区第二产业就业人口比重高于老城区和其他城区，也从一定程度上反映了城市工业向外扩展的状况。

表 5-8　各圈层就业人口的产业分布（%）

	老城区	新城区	城郊接合区	远郊区	郊县	合计
第一产业	0.2	0.9	16.5	52.2	69.1	33.0
第二产业	31.9	37.2	32.9	21.7	12.4	24.9
第三产业	67.9	61.9	50.5	26.1	18.5	42.1
合　计（样本数）	100.0（6368）	100.0（10172）	100.0（3405）	100.0（2047）	100.0（15359）	100.0（37357）

资料来源：根据 2000 年武汉市人口普查资料 1% 的抽样数据计算。

根据普查资料，从 1990 年至 2000 年各城区职业大类结构的变化情况看，江岸区专业技术人员有所增加，办事及有关人员、商业和社会服务业人员增加较快，而生产运输业人员有大幅度下降；江汉区国家机关、党群组织、企事业单位负责人、专业技术人员以及农林牧渔业人员有所减少，生产运输业人员大幅减少，而办事及有关人员、商业服务业人员增加，其中商业服务业人员增加幅度较大；硚口区国家机关、党群组织、企事业单位负责人、办事人员和有关人员、商业和社会服务业人员增加较快，专业技术人员减少，生产运输业人员有大幅度下降；汉阳区除了生产运输业人员有大幅度下降外，其他人员均有增加，以商业和社会服务业人员增加较快；武昌区生产运输业人员有大幅度下降，专业技术人员、办事及有关人员、商业和社会服务业人员增加，也是以商业和社会服务业人员增加较快；青山区办事及有关人员、商业和社会服务业人员增加，其中办事及有关人员增加较快，生产运输业人员减少，其他人员没有太大变化；洪山区国家机关、党群组织、企事业单位负责人、专业技术人员、农林牧渔业人员及生产运输业人员有所减少，办事和有关人员、商业服务业人员增加，以商业服务业人员增加较快，反映了不同城区人口职业结构从工业转向第三产业的变化趋势。

---

① 杨艳琳、江玲、罗厚淳：《武汉市劳动就业的行业、职业变化与经济结构调整》，载苏建平主编：《武汉当代人口研究——武汉市第五次全国人口普查论文选集》，武汉市第五次人口普查办公室，2002 年 10 月，第 170 页。

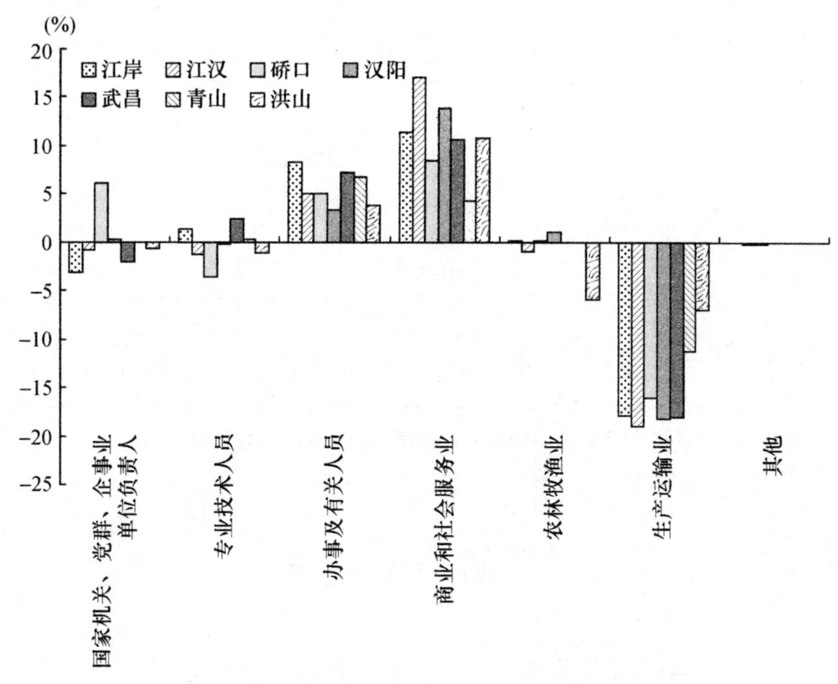

图 5-8 1990—2000 年主城区人口职业结构变化

资料来源:根据 1990 年、2000 年武汉市人口普查资料机器汇总数据计算。

此外,不同圈层产业结构的不同,提供的就业机会也存在差异,由此将导致人口的就业状况的差异。从各圈层 15 岁以上人口的就业率来看,老城区和新城区都比较低。尽管新城区低于老城区,但是考虑到新城区不在业人口中在校学生比例很高,老城区就业问题更突出一些:从不在业人口的构成可以看出几个明显特征,一是老城区不在业人口中离退休人口比重高,二是老城区中失去工作正在找工作的人口比重高,反映出老城区人口就业问题严峻。

表 5-9 15 岁以上人口在业率及不在业状况(%)

		老城区	新城区	城郊接合区	远郊区	郊县	合计
在业率 (样本数)		50.46 (6368)	48.17 (10172)	59.57 (3405)	64.72 (2047)	75.20 (15359)	59.25 (37351)
不在业状况	在校学生	20.17	35.88	19.00	18.91	23.06	27.27
	料理家务	10.49	8.86	23.11	19.27	29.88	15.14
	离退休	41.31	35.21	27.30	31.36	13.03	31.45

（续表）

		老城区	新城区	城郊接合区	远郊区	郊县	合计
不在业状况	丧失工作能力	1.15	1.25	3.76	10.84	16.00	4.78
	从未工作正在找工作	6.01	4.87	9.13	7.08	8.67	6.38
	失去工作正在找工作	15.56	9.26	9.48	7.71	4.80	9.87
	其他	5.29	4.66	8.22	4.84	4.56	5.12
	合计（样本数）	(6252)	(10945)	(2311)	(1116)	(5064)	(25688)

资料来源：根据2000年武汉市人口普查资料1%的抽样数据计算。

第四节 小 结

城市的旧城改造使老城区面貌得到很大的改观，同时也提高了城市居民的居住条件。根据武汉市汉正街、花楼街等旧城区的调查，这些老城区居民的住房建筑面积在拆迁改造以前，一般每户只有30平方米左右。这些住房拆除后，每户的新居住房建筑面积一般要提高到70平方米以上。住房拆迁、消费面积之比达1:2以上。[①] 旧城改造给城市居民带来的不仅是物质条件的改善，而且也改变了城市的社会结构。大规模旧城改造使得城市人口因“拆迁搬家”的原因市内迁移频繁，其流向主要向老城区以外的新城区和城郊接合区。而且随着企业的郊迁，新兴社会服务业的兴起，城市不同圈层产业结构发生变化。不仅武汉的情况如此，北京、上海、天津、大连、广州、杭州等很多大城市都有着类似的现象。[②] 由于城市产业结构直接决定了城市的经济功能，产业结构的变化必然导致就业结构的变化，就业结构的变化主要表现为居民就业行业和职业结构的变化。因此，城市居民就业结构、就业率在不同圈层存在较大差异。居民就业状况的差异，又必将导致居民收入的差异。由于普查资料没有涉及居

① 商服用房拆迁补偿研究课题组：《非证载商服用房的拆迁阻力与对策——武汉市商服用房拆迁补偿研究报告之一》，《武汉房地》2005年第3期，第25—26页。

② 易成栋：《制度变迁、地区差异和中国城镇家庭的住房选择》，中南财经政法大学博士学位论文，2005年，第31页。

民收入状况的调查,我们不能直接用普查资料衡量不同圈层人口的收入情况。但是有关研究表明,在经济转型过程中,我国城镇内部的收入差距明显并且有进一步扩大的趋势。[①] 从2001年武汉市统计年鉴的资料来看,武汉城市居民总体收入水平在逐年增长的同时,10%最高收入户与10%最低收入户的人均可支配收入之比由2000年的6.2:1扩大到2001年的7.2:1,不同家庭之间的收入差距呈现逐年扩大的趋势。总而言之,始于20世纪90年代的大规模旧城改造是我国城市社会空间发生变化的主要诱因之一。这也验证了我们提出的第一个理论假设。

---

① 孟昕:《中国经济改革和城镇收入差距》,载李实、〔日〕佐藤宏主编:《经济转型的代价——中国城市失业、贫困、收入差距的经验分析》,中国财政经济出版社2004年版,第190—224页。

第六章 旧城改造、住房状况与社会分层

近年来,有关中国社会分层的研究以及社会阶级或阶层问题的讨论成为国内社会学研究领域乃至社会科学研究领域的热点之一。目前在社会学界具有广泛影响的几种观点有孙立平提出的“断裂社会”理论,陆学艺等人提出的“中产化现代社会”观点,李强和李培林等提出的“碎片化趋势”分析以及李路路提出的“结构化”论点等等。[①] 笔者不打算在现有理论观点之外再添加一些新的说法,而是通过社会分层研究方法以及相应的实证资料对转型期武汉市的社会分层现象进行考查和验证,阐述旧城改造对城市社会分层产生的影响。本章首先对转型期武汉市的社会阶层结构进行划分,然后以不同阶层的住房状况为基础,分析旧城改造对于不同社会阶层产生的影响。

第一节 转型期武汉社会阶层结构

一、转型期武汉社会阶层划分标准

不同的社会阶层是由于不同的社会群体或社会地位不同的人占有的社会资源不同所造成的。从经济学角度而言,社会资源是社会的稀缺品,不同的经济体制对社会资源的配置方式不同。在计划经济时代,国家是唯一的利益主体,通过行政系统按照“单位”、“身份”将各种社会资源分

---

① 李春玲:《断裂与碎片:当代中国社会阶层分化实证分析》,社会科学文献出版社2005年版,第1页。

配给社会成员。每个社会成员按照其在社会中的一定位置具有相应的权力,并按照权力拥有资源配置权和收益权。在市场经济条件下,资源配置遵循市场机制,强调每个人都是独立的利益主体,通过参与市场竞争达到利益最大化。在转型期,我国社会利益主体日益多元化,资源的配置方式也日渐多样化,政府、市场和居民都具有配置资源的权力,但是由于转型期的市场化水平还比较低,计划经济的垄断格局尚未完全打破,特别是在主要基础设施和公共服务部门形成了行业垄断,扭曲了市场价格机制与竞争关系,形成了庞大的利益集团。这些特殊的利益集团寻求本行业、本部门的利益最大化,排斥其他利益集团,利用政治资源瓜分和占有经济资源,不同社会阶层的分化也日渐明显。

在作社会阶层分析时,一般要采用一定的阶层划分标准。当今西方国家社会分层的标准主要采用韦伯社会分层理论划分社会结构所依据的三重标准,即经济标准(财富)、政治标准(权力)和社会标准(威望)。国内研究一般也以此作为依据,并且采用较多的是以职业或收入作为划分标准。阎小培依照国外的社会分层,以人口普查中的七个职业大类为基础,将广州社会结构分成四个阶层:绿领阶层,包括农林牧渔劳动者;蓝领阶层,包括生产工人、运输工人及有关人员;白领阶层,包括办事人员、商业工作人员和服务工作人员;灰领阶层,包括各类专业技术人员,国家机关、党群组织和企事业单位负责人。[①] 但是直接套用西方社会使用的分层标准忽略了一点,那就是社会资源的价值往往是与一定的社会制度安排和价值观念相联系的。社会环境的变化、研究对象的价值取向不同,适用的阶层划分标准往往也不一样。就拿对职业声望的评价而言,在不同时期,人们对相同的职业声望的评价是不同的,职业声望的升降受制度变迁的影响很大。[②] 刘欣以 1996 年的抽样调查资料为依据,发现武汉居民对阶层地位高低的评判标准以收入(财富)、权力(权势)和教育为最主要的因素,而职业并非衡量阶层地位差异的核心尺度。[③] 因此,笔者认为,若仅以人口普查资料的职业类别作为阶层划分标准来划分转型期武汉市的社会阶层结构并不是十分妥当的。

为了结合人口普查资料的使用,考虑到转型期武汉市民主要以收入和权力作为判断阶层地位的主要因素,同时由于不同行业垄断程度不同,

---

① 阎小培:《信息产业与城市发展》,科学出版社 1999 年版,第 120 页。

② 许欣欣:《从职业评价与择业取向看中国社会结构变迁》,载李培林、李强、孙立平:《中国社会分层》,社会科学文献出版社 2004 年版,第 127—159 页。

③ 刘欣:《转型期中国城市居民的阶层意识》,同上书,第 207—224 页。

且行业收入差距明显(如表6-1),笔者尝试以普查资料的职业分类为基础,结合不同职业的行业分布,将武汉市就业人口划分为不同阶层。

表6-1 2000年武汉市各行业职工年平均工资(元)

	合计*	国有	集体
一、农、林、牧、渔业	4565	4544	4437
二、采掘业	3246	2988	3111
三、制造业	6043	6683	3203
四、电力、煤气及水的生产和供应业	13572	13303	18475
五、建筑业	6879	7357	6233
六、地质勘察业、水利管理业	11803	11803	—
七、交通运输、仓储及邮电通信业	8247	9114	3182
八、批发和零售贸易、餐饮业	5754	5508	3264
九、金融、保险业	12371	12080	9016
十、房地产业	10879	9490	8430
十一、社会服务业	7686	7075	7951
十二、卫生、体育和社会福利业	11092	11451	6533
十三、教育、文化艺术及广播电影电视业	11360	11386	7262
十四、科学研究和综合技术服务业	11597	11730	8312
十五、国家机关、政党机关和社会团体	13350	13358	11471
十六、其他行业	8647	9817	6241

* 指全部经济类型人口的平均工资水平。

资料来源:根据2001年武汉统计年鉴数据计算。

二、转型期武汉社会阶层的划分

经济体制改革后,我国城市的社会阶层结构发生了很大变化,也产生了一些新的社会经济群体。不同研究对于城市阶层具体类型的划分也没有形成一致的观点。李春玲以组织资源、经济资源、文化资源为基础,将我国社会分成国家与社会管理者阶层(拥有组织资源)、经理人员阶层(拥有文化和组织资源)、私营企业主阶层(拥有经济资源)、专业技术人员阶层(拥有文化资源)、办事人员阶层(拥有少量文化与组织资源)、个体工商户阶层(拥有少量经济资源)、商业服务人员阶层(拥有很少量三种资源)、产业工人阶层(拥有很少量三种资源)、农业劳动者阶层(拥有很少量三种资源)和无业失业半失业者阶层(基本没有三种资源)十大阶层。[①]

① 李春玲:《断裂与碎片:当代中国社会阶层分化实证分析》,社会科学文献出版社2005年版,第106—111页。

王开玉等研究了转型期中部省会城市的社会阶层情况，他们以职业分类为基础，根据不同人群拥有不同社会资源的情况，按照先分原有阶层后分新的阶层、先职业分类后具体分层的原则，先分成四大群体，再分成领导干部阶层、经理阶层、专业技术人员阶层、私营企业主阶层、办事人员阶层、工人阶层、农民阶层和无稳定职业阶层共九大基本阶层。① 与他们类似，俞礼祥等根据社会群体的职业及对社会资源的占有状况，以及劳动能力和就业状况，以2000年武汉统计年鉴的资料为基础，将武汉市的社会群体划分为社会管理者阶层、经理人员阶层、专业技术人员阶层、办事员阶层、产业工人阶层、商业服务人员阶层、私营企业主阶层、个体工商户阶层、农业劳动者阶层和无业失业半失业者阶层共十大阶层。②

本书参照上述阶层的划分情况，以武汉市第五次人口普查1%抽样资料中七大类职业的行业分布状况为依据，将就业人口划分成八大基本阶层，如表6-2所示，并将未就业人口作为单独一类，即共将社会群体划分成九大阶层。如果从社会等级角度看，我们可以把社会管理阶层看做政府部门的“管理精英”，将经理人员与企业负责人阶层和私营业主及个体人员看做企业部门的“企业精英”，将专业技术人员看做市民阶层的“专业精英”，其他阶层则属于非精英阶层。值得说明的是，由于就业人口及未就业人口中都包括了外来人口，因此，我们没有将他们作为一个单独阶层进行划分。

表6-2 按照武汉第五次人口普查资料对15岁以上人口的阶层划分(%)③

阶层划分	在就业人口中占比	在15岁以上人口中占比
社会管理者	1.44	0.85
私营业主及个体人员	2.28	1.35
办事人员	4.78	2.83
经理人员与企业负责人	5.73	3.40
专业技术人员	10.57	6.26

① 王开玉：《中国中部省会城市社会结构变迁：合肥市社会阶层分析》，社会科学文献出版社2004年版，第72页。

② 俞礼祥：《从一座城市看中国社会阶层结构的变迁》，湖北人民出版社2004年版，第10页。

③ 本书的阶层划分与俞礼祥等人运用2000年武汉统计年鉴资料划分的结果有一定差异。其划分结果：社会管理者阶层1%，经理人员阶层5.5%，专业技术人员阶层11.9%，办事员阶层15%，产业工人阶层26.6%，商业服务人员阶层19.5%，私营企业主阶层1%，个体工商户阶层4%，农业劳动者阶层为0，无业失业半失业者阶层15.5%。主要原因有三个，一是采用数据资料不同；二是其研究的是非农业人口；三是其在非农业人口中还除去了16岁以下70岁以上的人口。尽管有这些不同，但是总体的划分情况还是一致的。

（续表）

阶层划分	在就业人口中占比	在 15 岁以上人口中占比
商业服务人员	16.58	9.82
产业工人	25.72	15.24
农业生产者	32.89	19.49
合计（样本数）	100.00（37351）	59.25
未就业人口阶层（样本数）		40.75（25688）

资料来源：根据 2000 年武汉市人口普查资料 1% 的抽样数据计算。

第二节　旧城改造与社会分层：基于住房状况的研究

一、城市经济改革与社会阶层变迁

改革开放以来，武汉的社会阶层结构发生了较大变化，主要有几个方面：一是工人阶级的分化与重组。仅从所有制结构来看，目前就有国有企业职工、集体企业职工、乡镇企业职工、外资及三资企业职工和流入城市的农民工等，他们的文化程度、职业分工、权力与声望、收入水平等都存在较大差异。二是农民阶级的分化。改革开放以来，农民是变化最大的阶级，农民与土地的关系变了，职业结构变了，经济地位也变了。农民阶级分化出的阶层主要有农业劳动者阶层、农民工阶层、农村知识分子阶层、个体劳动者和个体工商业者阶层、私营企业主阶层、乡镇企业管理者阶层与农村管理者阶层等。三是知识分子阶层的变化。一部分高等学校专业人员弃学从政进入党政部门，担任不同领导职务，成为了社会管理者；一部分下海经商成为民营企业家和经理人员；还有的成为自由职业者。四是新生社会阶层的诞生，包括民营科技企业创业人员和技术人员、受聘于外资企业的管理人员、个体户、私营企业主、中介组织的从业人员、自由职业者等。[①]

城市经济改革对城市社会产生了深远的影响，但是很多计划经济的特点依然存在。改革所带来的利益的分配，一般而言是从一个集团转移

① 俞礼祥：《从一座城市看中国社会阶层结构的变迁》，湖北人民出版社 2004 年版，第 11—14 页。

到另一个集团。城市改革的最大受益团体一般都是政府体制内的核心成员（如政府官员）以及那些与政府部门联系密切的团体（如学术人员与专业技术人员），而那些与政府部门联系不密切的团体（如国有与集体企业产业工人）仅仅只能在短期内获得一定的利益。[①]

如前所述，迄今对我国社会分层模式变迁的研究，几乎全部集中在收入和职业的分析。虽然我们也可以从旧城改造房地产开发中不同利益群体收益、损失的角度研究旧城改造对社会分层的影响，但是，边燕杰等人利用我国第五次人口普查资料从社会分层体系中日益重要的另外一个方面——居民住房状况，对城市社会分层的深入研究为我们研究社会分层提供了一个新的思路。[②] 他们认为，当今我国的阶层差异体现在收入和住房上有三个方面：一是在日益发展的住房商品市场上，是否拥有住房的产权是个人或家庭的经济能力和成就的标志；二是个人或家庭是否有能力购买更大、质量更好的住房与个人或家庭成员的收入正相关；三是精英阶层比非精英有更高的经济购买力，因为市场改革在回报权力的同时，也回报人力资本。此外，易成栋博士首次利用第五次人口普查资料对我国城镇居民住房选择进行了比较全面的研究[③]，这也为本书从住房角度研究城市旧城改造与社会分层提供了借鉴。以下首先从不同阶层的住房状况研究转型期的武汉社会分层，然后研究旧城改造对居民住房状况从而对社会分层的影响。

二、转型期的武汉社会分层

考虑到城市的旧城改造一般主要发生在老城区，参照边燕杰等人的研究，我们主要采用 Multinomial Logistic 回归模型对不同阶层的住房状况作实证分析，来考查 2000 年武汉社会分层情况。研究对象主要是七个主城区的居民家庭户，住房主要是生活用房，集体户以及兼作生产经营的用房不在分析之中。因变量及自变量的设定来源于 2000 年的人口普查数据中关于住房的变量（H9 到 H23）。因变量主要有三个：住房产权、住房

---

① Wang Ya Ping, *Urban Poverty, Housing, and Social Change in China*, New York: Routledge, 2004, p. 48.

② 边燕杰、刘勇利：《社会分层、住房产权与居住质量——对中国“五普”数据的分析》，《社会学研究》2005 年第 3 期，第 82—98 页。

③ 易成栋：《制度变迁、地区差异和中国城镇家庭的住房选择》，中南财经政法大学博士论文，2005 年。

面积与住房质量。住房产权变量是分类变量,根据普查问卷H21项“房屋来源”的内容构建,区分出被访者的住房是“有产权”的(用1表示)还是“租住的”(用2表示)。住房面积为连续变量,用住户住房建筑面积除以住户人数得到的人均住房面积表示。住房质量是连续变量,由相关的七个房屋质量指标经因子分析得出。这些指标包括:H14房屋类型;H15所使用的建筑材料;住房的内部设施,包括H16有无厨房、H17主要炊事燃料、H18是否有自来水、Hl9是否有洗澡设备、H20是否有独立厕所。这七个项目互为关联,通过因子分析计算因子得分,构成“住房质量”因子。

在分析住房产权、住房面积和住房质量的微观模型中,由于主要考查不同阶层的住房状况,自变量主要采用不同阶层的划分。此外还加入了七个社会分层指标:“行业垄断性”,指户主所在行业是否由国有经济垄断,垄断行业取值为1,非垄断行业取值为2;“教育水平”;为六分定序变量,将其转化为五个虚构变量以便于比较,参照组为“文盲及上过扫盲班者”;“户口性质”为二分变量,非农户口取值为1,农业户口取值为2;“户口所在地”,指户主是否有本地户口,有为1,没有为2;“是否外来流动人员”,有本常住户口的为1,外来人口为2;性别上男性取值为1,女性取值为2;年龄方面,在模型中按惯例另外还加入年龄的平方项,以捕捉其非线性效用。模型中加入户主的年龄和性别,是因为他们与当代经济社会分层变迁有关。[①]

我们以产业工人作为参照类进行Multinomial Logistic回归分析。结果发现,在其他条件一致的情况下,农业生产者拥有住房产权的比率是产业工人的十倍以上,主要原因在于,20世纪90年代后期快速城市化的进程中,城市向周边的郊区迅速扩张,相应行政区划也大范围地随之改变,但他们无论在其户口还是自我身份认同上依然是“农民”,依旧住在原农村社区的房屋里,没有进入城市的住房租赁市场。与之相反居住在城乡结合部的许多农民户拥有多套住房,成为新一代的出租者,并以此为生。

除此之外,社会管理者阶层和私营业主及个体人员拥有住房产权的发生比相差不多,都是产业工人家庭户的一倍以上;比较意外的是经理人员与企业负责人拥有住房产权的发生比竟然比产业工人还低12.33%(0.1233)。而其他阶层人口拥有住房产权的发生比与产业工人相差不

---

① 边燕杰、刘勇利:《社会分层、住房产权与居住质量——对中国“五普”数据的分析》,《社会学研究》2005年第3期,第82—98页。

大。但是总体看来,作为管理精英阶层和企业精英阶层的人口比起其他阶层人口更有可能拥有住房产权。

表 6-3　对住房产权的 Multinomial Logistic 回归分析结果:Exp(B)

自变量	是否拥有住房产权	对比组:租借住房户			
		自建住房	购商品房	购经济房	购原公房
社会阶层(参照类:产业工人)					
社会管理者	1.0176*	1.2570	1.7986*	1.0332	0.9174
经理人员与企业负责人	0.8767*	0.7464**	1.9415***	1.0463	0.8079**
私营业主及个体人员	1.0807*	0.6555**	1.8605***	1.4949**	1.0860*
专业技术人员	0.9988	0.6519***	1.6445***	1.2500*	0.9702
办事人员	0.8546*	0.5824***	1.4434*	0.9301	0.8679
商业服务人员	0.6897***	0.7695***	1.0257	0.7405**	0.5902
农业生产者	10.5542***	12.2488***	1.2642	5.3080***	0.3874*
行业垄断性(参照类:非垄断行业)					
垄断行业	1.2205***	1.0910*	0.9285	1.0099*	1.3300***
户口类型(参照类:农业户口)					
非农业户口	2.4988***	0.7470***	5.3839***	5.3460***	11.5719***
文化程度(参照类:文盲及上过扫盲班者)					
大学及以上	4.9786***	0.7022	9.4277**	8.9902***	16.6909***
高中	3.1809***	1.4718*	5.0509*	5.5841**	9.6110***
初中	2.8028***	1.9212***	3.3411	3.7771*	7.4408***
小学	1.8543***	1.4557*	1.3369	2.2303	4.2209***
人口类别(参照类:外来人口)					
本地居民	2.2400***	3.1923***	0.4640***	1.0676	2.7595***
性别(参照类:女性)					
男性	0.8097***	0.9190	0.8172*	0.7902**	0.7639***
年龄平方	1.0004*	1.0003	0.9998	0.9996	1.0007***
年龄	0.9874	0.9838	1.0276	1.0561*	0.9662**

注:*** Sig. ≤0.001, ** Sig. ≤0.01, * Sig. ≤0.05。

资料来源:根据 2000 年武汉市人口普查资料 1% 的抽样数据计算。

管理精英阶层、企业精英阶层与其他群体间在拥有住房产权上的显著差异,给我们提出了这样一个问题:他们是否从不同途经获得住房产权?因为在房屋改革之初,仅 24% 的城市居民户拥有住房产权,各类精英阶层在当时也很少拥有住房产权。[①]

表6-3中多项回归分析的结果回答了这个问题。以租赁住房户为参照组,在四种获得产权的方式中(包括自建住房、购买商品房、购买经济适用房、购买原公有住房),农业生产者"自建住房"的发生比是产业工人的12倍以上,这也是为什么农业生产者比产业工人更有可能拥有住房产权的原因之一。除此之外,农业生产者购买经济适用房、购买商品房的发生比也比产业工人高,其原因有可能是城市旧城改造过程中,居民与厂商的搬迁伴随着新区开发需要占用农民土地,作为占用土地的补偿,农民能够比较优惠地购买商品房与经济适用房。社会管理者的自建住房发生比也较高,有可能的原因是他们(尤其一些乡镇政府部门人员)利用权力采取的"圈地"行为。

从"购买商品房"的情况可以看到一个很有意思的现象,经理人员及企业负责人、私营业主及个体人员购买商品房的发生比最高,甚至超过了社会管理人员,至少可以说明企业精英在经济上具有较强实力。另一方面,经理人员及企业负责人只有在商品房购买上的发生比在各阶层中最高,而自建住房、购买经济适用房、购买原公有住房的发生比都较低,这也使得其住房拥有权的发生比较低,经理人员及企业负责人较高的购买商品房发生比说明了他们具有非常强的经济实力。其他阶层购买商品房的发生比也较产业工人高,由于他们主要从事第三产业,而第三产业的回报总体高于第二产业,体现了他们的经济实力。

除农业生产者外,购买经济适用房的发生比以私营业主和个体人员最高,同时购买原公有住房中也只有他们的发生比要高于产业工人阶层,原因在于他们比较早地脱离原单位"下海"经商,成为从事"非正规部门职业者",但他们也最早从改革中受益。[②] 而且经商之前他们一般就与原单位办理好了相关手续,包括购买了原单位的公有住房。而其他阶层人员可能没有他们那样"有远见",等到1998年住房体制改革后就很少能享受福利分房的待遇了。此外,专业技术人员购买经济适用房的发生比也较高,原因是他们作为技术精英拥有特定的专业知识与专业技能,政府部门及有关单位越来越重视他们作用的发挥,生活上关心照顾他们,为他们专门安排建造一些住宅小区改善他们的住房问题,如20世纪90年代后

① 边燕杰、刘勇利:《社会分层、住房产权与居住质量——对中国"五普"数据的分析》,《社会学研究》2005年第3期,第93页。

② Wang Ya Ping, *Urban Poverty, Housing, and Social Change in China*, New York: Routledge, 2004, p.46.

期武汉曾专门为学校教师开发了一些“园丁小区”,给他们提供价格优惠的经济适用房,各级教师住房条件得到很大改观。

表6-3中其他一些结果也有阶层比较意义。如从行业垄断性角度来看,垄断行业拥有住房产权的发生比要高于非垄断行业,除了购商品房的发生比与非垄断行业没有明显差别外,其自建住房、购买经济适用房和原公有住房的发生比也都高于非垄断行业,行业垄断造成的住房状况分异非常明显。从户口类型来看,非农业户口与农业户口相比,除了自建住房发生比低于农业户口外其他都高于农业户口。从文化程度看,文化程度越高,各项相应的发生比也高,只有自建住房的发生比有些例外。从本地人口与外来人口角度比较,本地人口只有购商品房的发生比低于外来人口,在购买经济适用房、原公有住房方面比外来人口享受优惠待遇。

对于住房质量,我们将住房质量因子得分取绝对值后再取对数作为因变量,对自变量中的非连续变量建立虚拟变量后纳入多元回归模型进行分析;对于住房面积,将人均住房面积取对数后作为因变量,自变量中的非连续变量也以虚拟变量进入多元回归模型。从回归模型来看,除了商业服务人员以外,其他阶层住房质量都好于产业工人,而以私营业主及个体人员的住房质量最优。住房面积也是除了商业服务人员以外各阶层都优于产业工人。此外,农业生产者阶层住房面积最大,社会管理者的面积次之,其次是私营业主及个体人员、经理人员与企业负责人。农业生产者的住房面积较大主要因为他们自建房比重较高,总体上看管理精英阶层、企业精英阶层具有良好的居住条件。

表6-4　对住房质量与住房面积的多元回归分析结果:非标准化系数

自变量	住房质量(对数)	住房面积(对数)
常数项	-0.8449***	2.2226***
社会阶层(参照类:产业工人)		
社会管理者	0.0417	0.1895***
经理人员与企业负责人	0.0819***	0.1055***
私营业主及个体人员	0.1229***	0.1113***
专业技术人员	0.0762***	0.0470**
办事人员	0.0780**	0.0679**
商业服务人员	-0.0303	-0.0592***
农业生产者	0.0704*	0.7465***

（续表）

自变量	住房质量（对数）	住房面积（对数）
行业垄断性（参照类：非垄断行业）		
垄断行业	0.1262***	0.1115***
户口类型（参照类：农业户口）		
非农业户口	0.2935***	0.1930***
文化程度（参照类：文盲及上过扫盲班者）		
大学及以上	0.2625***	0.6365***
高中	0.0239	0.4217***
初中	-0.1170**	0.3513***
小学	-0.0744	0.1938***
人口类别（参照类：外来人口）		
本地居民	-0.0223	0.0406***
性别（参照类：女性）		
男性	-0.0394**	-0.0512***
年龄平方	0.0000	0.0003***
年龄	0.0016	-0.0153***
Adj. R^2	0.102	0.164
F 值	117.023	200.863
Sig.	0.000	0.000

注：*** Sig. ≤0.001，** Sig. ≤0.01，* Sig. ≤0.05。

资料来源：根据 2000 年武汉市人口普查资料 1% 的抽样数据计算。

以上对各阶层住房状况的研究表明，不同阶层拥有住房产权的比率不同，住房面积与住房质量也不同，企业精英在住房产权上的优势，主要是由于他们有较高的经济能力从房屋市场中以市场价格购买商品房，这一住房购买力也体现在其住房的面积和质量上。专业精英则在购买商品房的同时，享受到更多照顾，购买专门为他们开发的经济适用房。而管理精英则较多地自建住房以及购买经济适用房和商品房。因此，作为管理精英，他们在拥有市场购买力的同时，仍然享有再分配权力所赋予的优势。按照边燕杰等人的解释这是一种“权力维续”，因为我国渐进改革的本质是，企业精英、专业精英在市场体制中得到利益的同时，管理精英在再分配体制和市场体制中继续和更多地得到利益的满足。①

① 边燕杰、刘勇利：《社会分层、住房产权与居住质量——对中国“五普”数据的分析》，《社会学研究》2005 年第 3 期，第 96 页。

三、旧城改造对社会分层的影响

前文从住房状况的角度研究了不同阶层的差异,下面还是从住房状况的变化研究旧城改造对不同阶层住房的影响,从一个侧面反映旧城改造对城市社会分层的影响。表 6-5 中给出了 2000 年武汉全部人口中不同阶层的人均住房面积,以及市内迁移人口(包括非拆迁改造原因造成的迁移人口和因拆迁改造造成的迁移人口)中各阶层的人均住房面积。

表 6-5 2000 年不同阶层人口的人均住房面积 单位:平方米

	全部(1)	非拆迁迁移(2)	拆迁迁移(3)	(2)-(1)	(3)-(1)	(3)-(2)
社会管理者	28.31	29.12	36.45	0.81	8.14	7.33
经理人员与企业负责人	20.55	21.15	27.16	0.60	6.62	6.01
私营业主及个体人员	21.25	26.20	28.50	4.94	7.25	2.30
专业技术人员	23.00	25.99	26.70	2.99	3.70	0.70
办事人员	23.59	24.19	27.52	0.60	3.93	3.33
产业工人	17.79	17.53	23.34	-0.26	5.55	5.81
农业生产者	31.43	16.79	14.60	-14.64	-16.83	-2.19
商业服务人员	15.73	15.26	21.88	-0.47	6.15	6.62
15 岁以上未就业者	19.86	18.95	22.92	-0.91	3.06	3.97

资料来源:根据 2000 年武汉市人口普查资料 1% 的抽样数据计算。

从表 6-5 中可以看出,各阶层人口发生市内迁移后人均住房面积变化情况不同。非拆迁迁移人口中,私营业主和个体人员阶层人均住房面积增加较多,专业技术人员也有一定程度增加,而农业生产者人均住房面积大幅减少,其他阶层变化不大。拆迁迁移人口中,除了农业生产者人均住房面积大幅减少外,其他阶层人均住房面积都有增加。农业生产者人均住房面积大幅减少的原因很明显,他们与其他阶层不同,不依赖特定单位,一般住在自建的平房中,因此拆迁前人均住房面积较大,同时这些住房是改造拆迁的主要对象,拆迁后他们一般被安排住在还建房中,人均住房面积减少幅度很大。在人均住房面积增加的阶层中,社会管理者、经理人员与企业负责人、私营业主和个体人员拆迁搬迁后人均住房面积增加最大,其次是商业服务人员、产业工人,办事人员、专业技术人员乃至未就业人口人均住房面积都有增加,图 6-1 更直观地显示了这一点。所以仅从此来看,旧城改造的主要受益者是管理精英与企业精英阶层。

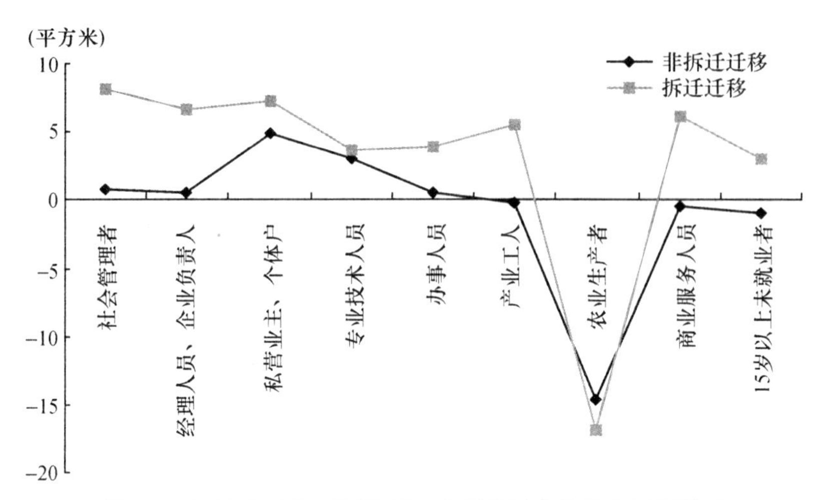

图 6-1　2000 年武汉不同阶层市内迁移后人均住房面积增减

资料来源:根据 2000 年武汉市人口普查资料 1% 的抽样数据计算。

为了更清楚地比较不同阶层人口因拆迁改造而搬迁后住房状况的变化,我们再利用多元回归模型进行分析。选择样本为拆迁迁移人口,为了便于比较,采用标准化回归系数。全部人口与拆迁迁移人口各变量多元回归的标准化系数如下表。从表 6-6 中可以发现,因拆迁搬迁后私营业主及个体人员住房面积增加最大,其次是经理人员及企业负责人、社会管理者阶层,其他阶层住房面积变化不很明显(回归系数不显著)。可见企业精英阶层在拆迁改造搬迁后其居住条件改变明显,甚至在一定程度上还超过了管理精英阶层。对住房质量的回归结果也比较类似,这里不再详述。

表 6-6　对住房面积(对数)的多元回归分析结果:标准化系数

自变量	全部	拆迁迁移	迁移后改变量
社会阶层(参照类:产业工人)			
社会管理者	0.039***	0.050*	0.011
经理人员与企业负责人	0.044***	0.073**	0.029
私营业主及个体人员	0.032***	0.066**	0.034
专业技术人员	0.026**	0.000	-0.026
办事人员	0.027**	0.014	-0.013

（续表）

自变量	全部	拆迁迁移	迁移后改变量
商业服务人员	-0.036***	-0.008	0.028
农业生产者	0.251***	-0.010	-0.261
行业垄断性（参照类：非垄断行业）			
垄断行业	0.077***	0.083**	0.006
户口类型（参照类：农业户口）			
非农业户口	0.118***	0.126***	0.008
文化程度（参照类：文盲及上过扫盲班者）			
大学及以上	0.410***	1.095***	0.685
高中	0.299***	0.901**	0.602
初中	0.244***	0.623*	0.379
小学	0.072***	0.195*	0.124
人口类别（参照类：外来人口）			
本地居民	0.029***	-0.042*	-0.071
性别（参照类：女性）			
男性	-0.038***	-0.042*	-0.005
年龄平方	0.352***	0.442**	0.090
年龄	-0.225***	-0.312*	-0.087
Adj. R^2	0.164	0.125	
F 值	200.863	14.386	
Sig.	0.000	0.000	

注：*** Sig. ≤0.001，** Sig. ≤0.01，* Sig. ≤0.05。

资料来源：根据 2000 年武汉市人口普查资料 1% 的抽样数据计算。

我们没有对武汉不同阶层人口在旧城改造中的投资收益情况进行详细核算。从其他城市旧城改造的情况来看，旧城改造的利益分配也主要在企业精英与管理精英阶层，尤其是房地产开发商及投资商。如方可对北京市旧城改造的资金流失进行了粗略估算，认为 1990 年至 1998 年至少有一千亿元的资金流入个人的“小金库”，受益群体主要是开发商、投资商，而包括国家、私有房居民和公有房居民利益受损。①

武汉市自 1992 年起开始实施旧城改造。在改造成本居高不下的背景下，武汉市政府即时采取了开发企业直接参与、直接出资的模式。这种模式引发了当时一种颇为常见的现象——城市打补丁。开发企业出于区位、成本等因素考虑，愿意进行哪一块地的拆迁就改造哪一块，于是出现

① 方可：《当代北京旧城更新：调查·研究·探索》，中国建筑出版社 2000 年版，第 90 页。

了四周围高楼大厦团抱低矮旧民居等现象。城市居民除了收益受损外，还表现在其他方面，首先是居住于老城中心区域的城市居民的区位优势因商业开发与旧城改造的影响而削弱。政府为了实现中心区域土地的高价值，通过其对土地合法的所有权，在中心区大规模开发商业与办公楼，原先的居民被重新安置在土地价格低廉的外围区，虽然他们的居住条件得到显著改善，但是却失去了从事商业活动的良好区位。此外，按照武汉市目前的状况，旧城改造实行货币补偿，补偿金额虽比以前大幅度上升，有的甚至高于区域二手房，但居民在市场上仍难以买到功能齐全的小面积实用住房，市场上普遍是面积大、总价高的住宅，补偿金只能用于支付首期款，后期贷款难以为继；廉租房由政府组织房源，但因为供应量有限，且有部分廉租房配套设施不齐全，为居民生活亦带来诸多不便，不能有效解决中低收入家庭住房问题。

近年来，作为城市旧城改造的一个方面——“城中村”改造也越来越受到关注。与前面所提到的北京、上海等大城市外来人口根据亲缘、地缘关系聚集在一起而形成的“浙江村”、“河南村”、“新疆村”和“福建村”等“城中村”不同，这里的“城中村”是指在我国城市化发展过程中，由于人口与土地面积的机械性扩张，大量被城市建设所包围的农村社区，依然保留和实行农村土地所有制、农村经营管理体制和农村生产生活方式，成为“都市里的村庄”，由此形成的一种城、乡并存的二元城市结构。武汉作为一个历史悠久的大城市，城市化发展不可避免地出现了城市规模不断扩大、中心城区不断扩张的情况，越来越多的周边农村被纳入到城市范围之中。

“城中村”村民生活在城市和农村的夹缝之间，面对周围市场经济疾风暴雨似的发展，自发地以其特有的方式开发土地资源，寻求经济利益的最大化，一个很重要的方式就是所谓的“租房经济”。租房经济是指在“城中村”原村集体农用土地被征收，但仍保留着一部分宅基地的情况下，村民利用土地产权不清晰和管理体制的漏洞，基于城市中大量流动人口形成的房屋租赁市场，全力开发原有宅基地，出租房屋，收取租金的经济模式。这也是前面所述农业生产者拥有自建住房发生比高的原因之一。

“城中村”村民在土地被征收、失去了原有的生活保障而自身就业能力又不足的情况下，通过出租房屋、收取租金是一种追求个人利益最大化的理性行为。但由于二元结构的存在，“城中村”的规划管理往往与整个城市的规划管理并不协调，由此形成了所谓的“城市乡村病”。随着经济的发展,产生了许多不利于经济发展和社会稳定的问题,很大程度上制约着整个城市的发展,从而影响了我国城市化发展的水平。社会学家指出,"城中村"已成为中心城市的"社会—经济塌陷带","城中村"的改造刻不容缓。

与旧城改造一样,"城中村"改造也是一个多方利益的博弈过程:村民期冀,补偿他们可能因征地、拆迁造成的损失,为其今后生活提供出路和可靠保障;房地产商要求,在投资改造中获得平均收益;政府希望,减少财政压力,保证市场和社会的稳定。由于经济社会水平的发展差异,以及所处地段的限制,使得各个"城中村"内部也出现一定分化,主要表现在两大方面:一方面是城市中心及城市经济繁荣地带的"城中村",单位土地面积上产生的经济收益越来越高,使建房人获得高额且相对稳定的收益,进而极力排斥"城中村"的更新改造,加大了更新改造的成本和拆迁的难度;另一方面是位于城市郊区的传统村落,在土地被征用后,农民失去了赖以生存的基础,但其周边的经济发展有限,就业机会少,村民缺乏新的生存基础,引发"城中村"村民的新贫困,因此,这些村民渴望更新改造,但更怕在更新改造中因无力支付而失去家园。"城中村"内部的这种分化,进一步增加了"城中村"改造问题的复杂性和解决的难度,也不可避免地产生阶层分化。

第三节　小　　结

以第五次人口普查的职业分类为基础,结合各职业的行业分布情况对武汉社会阶层进行具体划分。城市居民的住房状况是研究不同阶层分化的一个重要方面。转型期不同阶层的住房状况存在明显差异。住房状况的差异也表现出城市不同群体的收入、社会地位等的差距。在旧城改造过程中,由于转型期的市场机制并不完善,旧城改造的利益在不同利益主体中分配不均等,主要受益者是管理精英与企业精英阶层。作为管理精英,他们在拥有权力的同时也具有经济优势;企业精英则具有较强的经济能力,其经济优势甚至超越了管理精英。由此旧城改造房地产开发市场中的"钱权"现象可见一斑:政府部门工作人员以及与相关政府部门联系紧密的单位和个人获得的利益远远高于那些与政府部门没有联系的城市居民。专业精英越来越受到重视,其社会地位也逐渐提高。因此转型期的城市社会分层结构非常明显,这也验证了我们提出的第二个理论假设。

第七章
旧城改造、人口分布与转型期城市社会空间重构

城市重构在西方国家泛指20世纪60年代以来城市发生的复杂的社会、经济及政治变化,如后福特主义转型、城市竞争、新信息技术、资本国际性流动、全球性城市、城市社会极化、工人阶层衰落、城市管治、地方居民社团增强等,所有这些需要"重构"城市以适应并容纳变化了的环境。我国从建国后直至改革开放初的相当长一段时期,城市居民对自己的居住条件和居住区位并没有选择的余地。一方面人们的经济收入水平低且差别不大,使人们不具备选择住房的主观条件(购房能力)。另一方面房产市场不发育所导致的住房奇缺又使人们失去了选择住房的客观条件(房源供应)。人们的居住条件和居住区位基本上取决于其所在的单位,这是由单位建房和分房的福利制度所决定的。单位经济实力、地域空间的大小以及单位的住房政策决定了人们的居住条件。单位在建房过程中,往往本着方便生产和利于管理的原则选择职、住结合模式,使一个单位既是生产空间又是居住生活空间。这样,单位所在的区位就决定了人们的居住区位,单位布局的空间分异就大体上反映了不同职业人群居住的地域分异。① 改革开放以来,我国城市面临"社会—经济—制度"三重"转型"相叠加,城市社会空间正进行着结构性调整,开始了重构过程,大体建构出四种新的城市空间形式:(1) 分异空间(space of differentiation),自给自足的单位制模式逐步被打破,高尚社区与衰败社区、经济适用房、低收

① 艾大宾、王力:《我国城市社会空间结构特征及其演变趋势》,《人文地理》2001年第16卷第2期,第9页。

入人口及移民聚落与奢华的商品房相毗邻;(2) 消费空间(space of consumption),如超市、连锁店、购物中心、Mall 等的出现标志着城市由工作向休闲娱乐转变,但作为消费空间的豪华商品住宅却具有排斥效应,成为少数人享受的空间;(3) 边缘化空间(space of marginalization),基于籍贯的移民聚落成为边缘群体的主要空间形式;(4) 全球化空间(space of globalization),体现在出口导向型的各种开发区等。原有福利特征逐渐趋于次要地位,城市住房正成为一种市场经济活动,成为城市社会中不同社会阶层获得居住空间的主要方式。由于不同阶层人口经济实力不同、居住偏好不同,其居住区位选择也不同,所以城市不同阶层、不同群体在城市空间上的流向不同,最终导致不同群体居住空间分布的差异。本章在上一章分析了城市社会阶层分化的基础上进一步研究不同阶层人口在城市的空间分布状况。考虑到本书的阶层划分主要是从旧城改造不同利益主体(即政府、企业与市民)角度进行的,显得比较宏观,所以我们除了从宏观层面研究不同阶层的空间分布外,还基于武汉不同街道的人口分布特征进行微观层面的分析。此外,还对武汉外来人口的空间分布进行专题研究。

第一节 2000 年武汉不同阶层人口的空间分布

我们首先基于前述对于武汉市社会阶层结构的划分,研究不同阶层人口在城市的空间分布状况。

表 7-1 和表 7-2 分别列出了不同圈层中各阶层人口的分布状况以及各阶层人口在城市不同圈层的分布情况,可以看出不同圈层人口分布存在一定差异。对各阶层人口的圈层分布进行卡方检验,结果卡方值等于 74848.870,自由度 8,在 0.001 水平下显著,充分说明各阶层人口的空间分布存在显著差异。

表 7-1 不同圈层中各阶层人口的分布(%)

	老城区	新城区	城郊接合区	远城区	郊县	合计
社会管理者	0.97	0.92	0.98	0.44	0.73	0.85
经理人员及企业负责人	5.94	3.75	4.53	2.28	1.32	3.40
私营业主及个体人员	2.45	1.77	1.40	0.57	0.35	1.35
专业技术人员	7.08	9.34	4.53	3.45	3.50	6.26
办事人员	3.71	4.00	2.20	1.42	1.49	2.83
产业工人	16.47	17.91	20.47	14.64	10.35	15.24

（续表）

	老城区	新城区	城郊接合区	远城区	郊县	合计
农业生产者	0.07	0.36	9.66	33.67	51.81	19.49
商业服务人员	13.78	10.12	15.80	8.25	5.65	9.82
15 岁以上未就业者	49.54	51.83	40.43	35.28	24.80	40.75
合计（样本数）	100.00（12620）	100.00（21117）	100.00（5716）	100.00（3163）	100.00（20423）	100.00（63039）

表 7-2　各阶层人口在不同圈层的分布（%）

	老城区	新城区	城郊接合区	远城区	郊县	合计（样本数）
社会管理者	22.86	36.25	10.41	2.60	27.88	100.00（538）
经理人员及企业负责人	34.97	36.97	12.09	3.36	12.61	100.00（2142）
私营业主及个体人员	36.27	43.78	9.39	2.11	8.45	100.00（852）
专业技术人员	22.62	49.96	6.56	2.76	18.09	100.00（3947）
办事人员	26.19	47.23	7.05	2.52	17.01	100.00（1787）
产业工人	21.63	39.37	12.18	4.82	22.00	100.00（9608）
农业生产者	0.07	0.62	4.49	8.67	86.14	100.00（12284）
商业服务人员	28.08	34.51	14.58	4.21	18.62	100.00（6193）
15 岁以上未就业者	24.34	42.61	9.00	4.34	19.71	100.00（25688）
合计	20.02	33.50	9.07	5.02	32.40	100.00（63039）

资料来源：根据 2000 年武汉市人口普查资料 1% 的抽样数据计算。

如果说以上分析还并不是很直观地反映不同圈层的阶层人口分布状况，为了更清楚地了解不同阶层人口在城市空间的不同分布，我们可以对不同阶层人口与城市圈层分布进行对应分析（Correspondence Analysis）。对应分析可以同时考查不同圈层中各阶层人口的分布以及各阶层人口在城市不同圈层的分布情况，结果如图 7-1 所示，可以发现不同阶层人口具有明显的空间聚集趋势：老城区私营业主及个体人员尤为集中，再就是产业工人与社会管理者阶层；新城区办事人员尤为集中，其次是专业技术人员及 15 岁以上未就业者（如前所述其中很多为在校学生）；城郊接合区商业服务人员较为集中，其次是经理人员及企业负责人阶层，远城区及郊县则是农业生产人员比较集中。

我们再以 2000 年人口普查的职业中类（前 2 个代码）为基础，分析各

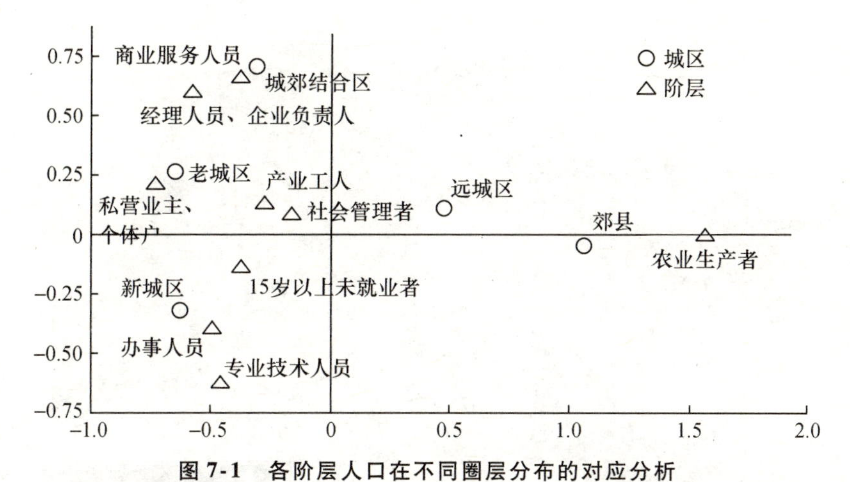

图 7-1 各阶层人口在不同圈层分布的对应分析

资料来源:根据 2000 年武汉市人口普查资料 1% 的抽样数据计算。

街道的职业结构,将其中比较集中的职业分布通过 GIS 技术反映在街道分区图上(图 7-2),可以发现不同职业人口具有空间聚集的特点。购销人员(代码 41)在主城区比较集中,大致分布在老城区、新城区范围内,约有 54 个街道中其所占的比重最高;农业生产人员(代码 50)比较集中于城郊接合区与远城区内;行政办公人员(代码 31)有六个街道所占比重最高,分别是江岸区劳动街、硚口区荣华街、武昌区粮道街和水果湖以及青山区钢花街和红刚城街;运输设备操作人员及其有关人员(代码 91)在四个街道比重最高,它们是汉阳区江汉二桥街、武昌区杨园街、青山区白玉山街和冶金街;经济业务人员(代码 21)占比重较高的有青山区红卫街和新沟桥街;教学人员(代码 24)占比重较高的有武昌区珞珈山街和洪山区狮子山街;机械制造加工人员(代码 66)占比重较高的有青山区武东街和洪山区武钢北湖农场;裁剪、缝纫和皮革、毛皮制品加工制作人员(代码 76)占比重较高的有硚口区汉正街和六角亭街;其他如医疗卫生辅助服务人员(代码 46)在洪山区红旗街、机械设备修理人员(代码 71)在武昌区石洞街、其他运输设备操作及其有关人员(代码 99)在青山区厂前街比较集中。

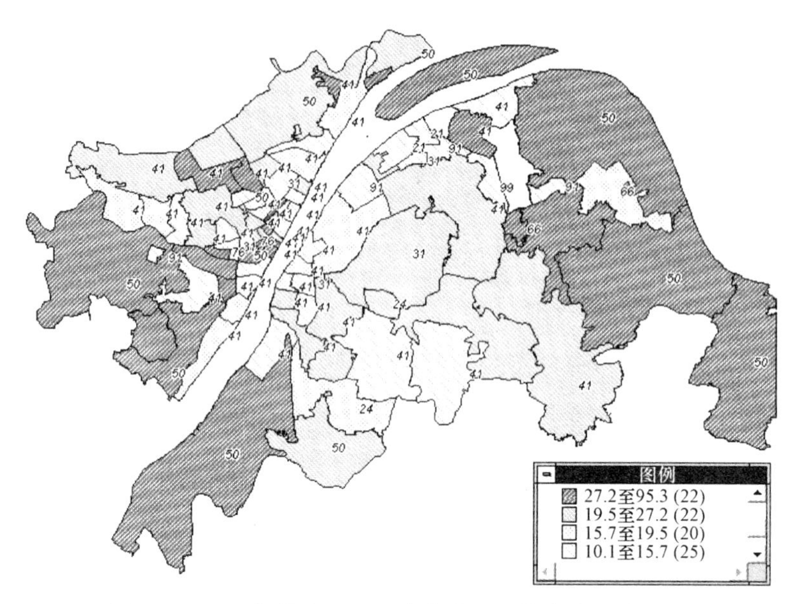

图 7-2　2000 年按人口职业中类分比重最高的街道(%)

资料来源:根据 2000 年武汉市人口普查资料 1% 的抽样数据计算。

第二节　2000 年武汉市社会空间结构的因子生态分析

由于对不同阶层的划分比较宏观,对武汉圈层的划分也比较抽象,所以上面的分析只是初步反映了不同阶层、不同职业人口的空间分布情况,下面将在更微观的层面上解释 2000 年武汉社会空间结构的特点,采用的研究方法是因子生态分析技术。

因子生态分析技术一直是研究城市社会空间结构的一种有效手段,在我国起步较晚,虞蔚最早用因子生态分析法研究上海的社会空间和环境地域分异,他将社会空间划分与带有显著阶层分化的住房空间划分结合起来,揭示城市环境地域分异,这种结合是非常有意义的尝试。许学强、胡华颖和郑静对 1984 年和 1990 年两个时段的广州的社会空间结构进行的研究是完整和系统地运用因子生态分析方法的代表之作,第一次研究选用了一系列反映住宅质量的指标,第二次研究首次使用了人口普查资料,两次研究表明影响西方城市社会区的经济收入水平因子在广州的作用较弱、种族隔离因子不存在，而城市经济发展政策、历史因素、城市规划、住房制度、自然因素是影响当时广州的社会空间结构的主要因素。1992 年杨旭利用 1985 年房屋普查资料及 1990 年人口普查数据研究了北京市 8 区 75 个街道的社区状况，后来薛凤旋利用与杨旭类似的数据研究 1990 年北京的社会区类型。2000 年仵宗卿运用因子生态分析技术研究了北京市商业活动的地域结构。20 世纪 90 年代以来，运用因子生态分析技术研究大城市的社会空间结构因受到数据资料限制，相关研究都不够成熟。2004 年冯健运用 2000 年第五次人口普查数据和 1982 年第三次人口普查数据，采用因子生态分析技术研究北京市近 20 年来社会空间结构变化可以说是近年来少有的集大成之作。但总的看来，有关研究集中在上海、北京、广州等少数几个城市，而对其他大城市的相关研究非常少见。本节将运用武汉市第五次人口普查资料，尝试采用因子生态技术对 2000 年武汉市社会空间结构进行初步研究。

我们选取 2000 年武汉市人口普查 8 大类共 52 个变量与 87 个街区单元构成原始数据矩阵，首先进行因子分析，采用主成分法（Principal Components）不作旋转，系统自动提取 7 个因子，累积方差达到 88% 以上。但是进一步分析对各变量信息的提取情况，发现有三个变量包括采掘业人口数、地质勘察业、水利管理业人口数、6 岁及以上大专文化程度人口数被提取信息在 40% 以下，因此删去上述三个变量，最终只留下 49 个变量（详见表 7-4），这 49 个变量被提取的信息都在 60% 以上，KMO 及 Bartlett 对样本变量偏相关检验统计值达 0.835，显著性也很高，非常适合因子分析。进行 Varimax 旋转后进一步观察，发现第 7 个主因子载荷值都很低。考虑到前 6 个主因子累积方差解释率已到 86.5%，因此我们决定只提取 6 个主因子，其特征根、方差贡献见表 7-3，旋转后各主因子载荷见表 7-4。这时因子结构已经比较清晰，效果较好。

表 7-3　2000 年武汉社会空间结构因子分析的特征根与方差贡献

因子序号	未旋转			Varimax 旋转
	特征根	解释方差%	解释方差累积%	方差贡献%
1	25.456	51.951	51.951	25.707
2	5.718	11.670	63.621	21.803
3	5.573	11.373	74.994	14.652
4	2.421	4.940	79.934	10.868
5	1.722	3.515	83.449	7.905

（续表）

因子序号	未旋转			Varimax 旋转
	特征根	解释方差%	解释方差累积%	方差贡献%
6	1.482	3.024	86.473	5.538
7	0.856	1.747	88.220	
8	0.778	1.588	89.808	
9	0.710	1.449	91.257	
10	0.535	1.092	92.349	

表 7-4　2000 年武汉社会空间结构主因子载荷矩阵

变量类型	变量名称	Varimax 旋转后主因子载荷					
		1	2	3	4	5	6
一般指标	1990—2000 年人口年均增长率(%)	0.241	0.057	0.031	0.145	0.055	**0.769**
	2000 年人口密度(人/平方公里)	0.237	-0.151	0.076	**-0.561**	-0.301	-0.350
	性别比(女性=100)	-0.102	0.414	-0.398	0.247	0.076	**0.443**
	家庭户平均人数	-0.311	0.142	-0.021	**0.785**	0.083	0.005
行业构成	农、林、牧、渔业人数	0.037	-0.100	-0.124	**0.944**	-0.128	0.013
	制造业人数	**0.800**	0.244	-0.065	-0.047	0.439	-0.079
	电力、煤气及水的生产和供应业人数	0.176	0.124	0.355	-0.079	**0.692**	0.050
	建筑业人数	0.370	**0.493**	0.233	0.111	0.433	0.315
	交通运输、仓储及邮电通信业人数	**0.476**	0.023	0.259	0.011	0.473	0.452
	批发和零售贸易、餐饮业人数	**0.899**	0.140	0.292	-0.053	-0.018	0.163
	金融、保险业人数	0.140	0.300	**0.856**	-0.070	0.139	0.034
	房地产业人数	0.388	0.202	**0.656**	-0.252	0.195	0.159
	社会服务业人数	**0.628**	0.309	0.612	-0.011	0.109	0.138
	卫生、体育和社会福利业人数	0.251	**0.605**	0.494	-0.009	0.189	0.044
	教育、文化艺术及广播电影电视业人数	0.132	**0.933**	0.241	-0.018	0.078	0.096
	科学研究和综合技术服务业人数	0.089	**0.835**	0.386	0.002	0.186	0.027
	国家机关、政党机关和社会团体人数	0.217	0.335	**0.837**	0.025	0.106	0.114

（续表）

变量类型	变量名称	Varimax 旋转后主因子载荷					
		1	2	3	4	5	6
职业构成	国家机关、党群组织、企事业单位负责人数	**0.834**	0.140	0.037	-0.114	-0.097	-0.207
	专业技术人员人数	0.226	**0.750**	0.525	-0.055	0.282	0.102
	办事人员及有关人员人数	0.307	0.522	**0.690**	-0.092	0.301	0.084
	商业、服务业人员人数	**0.784**	0.269	0.392	-0.012	0.097	0.329
	农、林、牧、渔、水利生产人员人数	0.039	-0.100	-0.126	**0.944**	-0.121	0.009
	生产、运输设备操作人员及有关人员人数	**0.808**	0.256	-0.003	0.054	0.489	0.053
不在业状况	未工作人数	0.389	**0.840**	0.245	-0.050	0.198	0.123
	在校学生数	0.112	**0.967**	-0.002	-0.004	-0.001	0.108
	料理家务人数	**0.685**	0.096	0.268	0.195	0.168	0.518
	离退休人数	0.466	0.417	0.504	-0.198	**0.531**	-0.026
	丧失工作能力人数	0.349	-0.013	0.103	**0.789**	-0.035	0.075
	正在找工作人口数	**0.697**	-0.002	0.474	-0.257	0.216	-0.029
户口	居住本乡镇户口在本地	0.320	**0.783**	0.356	-0.031	0.350	-0.051
	外来人口数	**0.804**	0.248	0.164	0.180	0.002	0.413
文化程度	文盲人口占15岁及以上人口比例(%)	-0.191	-0.327	-0.211	**0.721**	-0.182	-0.068
	6岁及以上小学文化人数	**0.842**	0.193	0.204	0.338	0.204	0.200
	6岁及以上初中文化人数	**0.906**	0.173	0.202	0.181	0.188	0.164
	6岁及以上高中文化人数	**0.601**	0.449	0.445	-0.178	0.416	0.064
	6岁及以上中专文化人数	0.267	0.222	0.159	-0.115	-0.020	**0.649**
	6岁及以上本科文化人数	0.065	**0.893**	0.076	-0.025	0.026	0.102
	6岁及以上研究生文化人数	0.007	**0.942**	0.080	-0.021	-0.051	0.059

（续表）

变量类型	变量名称	Varimax 旋转后主因子载荷					
		1	2	3	4	5	6
住房面积	住房面积 8 平方米以下人数	**0.919**	0.048	0.154	-0.125	-0.040	0.142
	住房面积 9—12 平方米人数	**0.829**	0.078	0.289	-0.200	0.302	0.173
	住房面积 13—16 平方米人数	**0.620**	0.315	0.400	-0.140	0.533	0.135
	住房面积 17—19 平方米人数	0.357	0.495	0.343	-0.143	**0.614**	0.040
	住房面积 20—29 平方米人数	0.389	**0.578**	0.484	0.108	0.430	0.190
	住房面积 30—39 平方米人数	0.328	**0.585**	0.577	0.321	0.252	0.164
	住房面积 40—49 平方米人数	0.231	0.425	0.346	**0.449**	0.099	0.078
	住房面积 50 平方米以上人数	0.290	0.489	0.459	**0.630**	0.093	0.101
年龄构成	0—14 岁人口数	**0.698**	0.345	0.400	0.289	0.284	0.242
	15—64 岁人口数	0.581	**0.705**	0.283	0.046	0.227	0.162
	65 岁以上人口数	0.493	0.411	**0.625**	-0.011	0.328	-0.063

从表 7-4 中可以看出，第一主因子主要反映了制造业、交通运输、仓储及邮电通信业、批发零售贸易和餐饮业、社会服务业，国家机关、党群组织、企事业单位负责人，商业服务业、生产、运输设备操作人员及有关人员，料理家务、正在找工作及外来人口，6 岁及以上小学、初中、高中文化，住房面积 16 平方米以下的人口数等变量。这些地方可能居住了一些国家机关、党群组织、企事业单位负责人，他们需要一些社会服务，提供了一些如社会服务、生产运输等方面的就业机会，因此前来寻找工作的外来人口比较多，形成一种外来人口与社会管理人员混居的情形，我们把它称为外来人口与管理人员混合居住区。按照第一主因子得分，通过 GIS 技术反映到街区图上，如图 7-3 所示。从第一主因子得分分布图看，得分较高的区域主要在老城区、新城区、城郊接合区附近，主要街道如二七街、花桥街、汉兴街、常青街、长丰乡、易家墩街、唐家墩街、万松街、六角亭街、汉正街、中南路街、徐家棚街、水果湖街、珞南街、洪山乡、和平乡等。

第二主因子与建筑业、卫生、体育和社会福利业、教育、文化艺术及

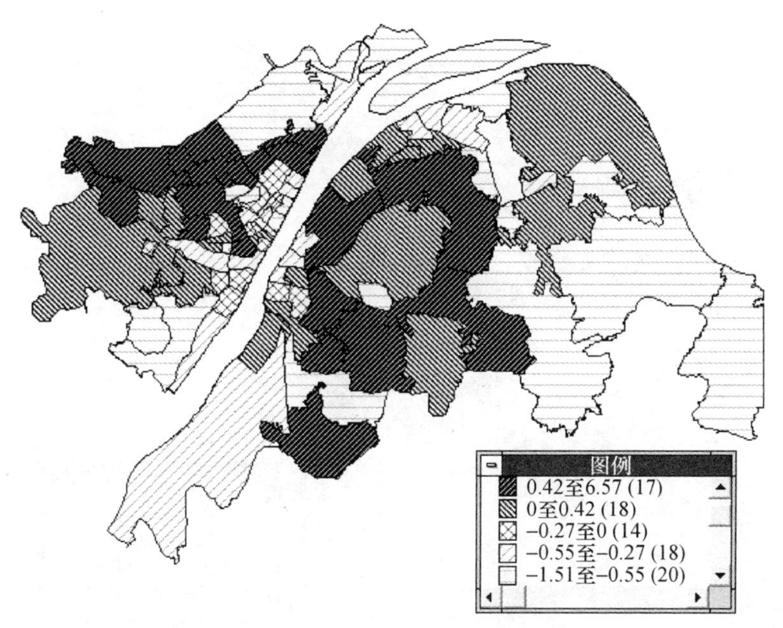

图 7-3 第一主因子得分图

广播电影电视业、科学研究和综合技术服务业、专业技术人员、在校学生数、未工作人数、居住本乡镇户口在本地人数、6岁及以上本科及研究生文化人数、住房面积20—39平方米人数、15—64岁人口数等变量相关。这些地方是中小学、高校及科研机构集中的区域，因此可以称之为知识分子与学生集中区。从第二主因子得分分布图（图7-4）看，得分较高的街道主要集中在武昌区与洪山区，如徐家棚街、狮子山街、珞珈山街、珞南街、关山街、水果湖街等。

第三主因子主要与金融保险业人数、房地产业人数、国家机关、政党机关和社会团体人数、办事人员及有关人员人数、65岁以上人口数等变量相关。鉴于这些行业职业的特点，我们可以称之为金融管理办事人员集中区。从第三主因子得分分布图看（图7-5），得分较高的街道有二七街、花桥街、劳动街、北湖街、台北街、万松街、西马街、紫阳街、中华路街、粮道街、中南路街、水果湖街、珞南街等。

第四主因子与人口密度、家庭户平均人数，农、林、牧、渔业人数，农、林、牧、渔、水利生产人员人数，丧失工作能力人数，文盲人口占15岁及以上人口比例，住房面积在40平方米以上人数等变量有关，很明显反映出了农业人口的基本特征，我们称之为农业人口集中区。从第三因子得分

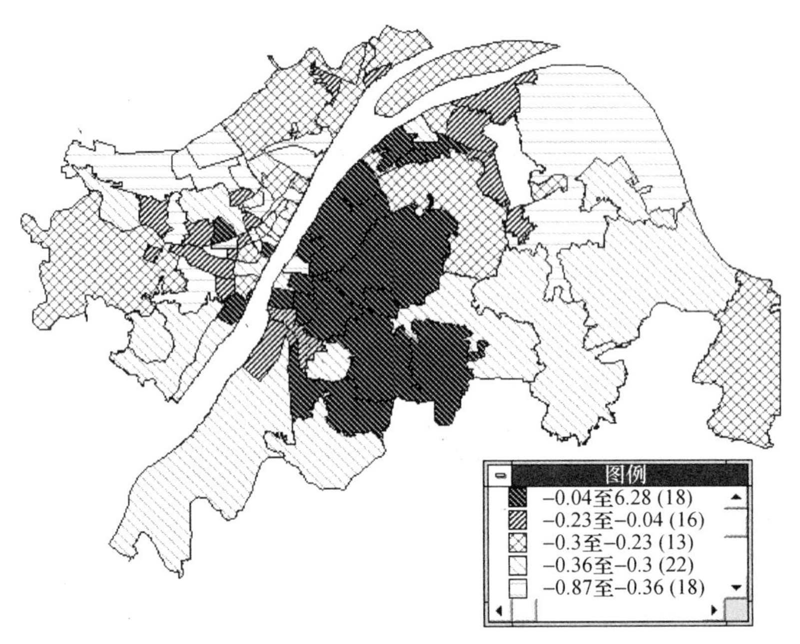

图 7-4　第二主因子得分图

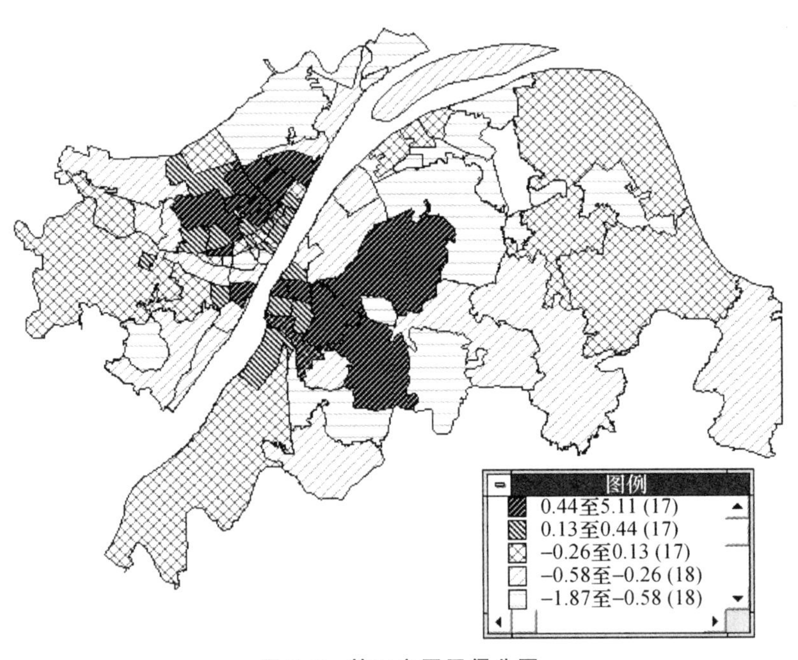

图 7-5　第三主因子得分图

分布图看(图 7-6),得分较高街道主要在远城区及城郊接合区。

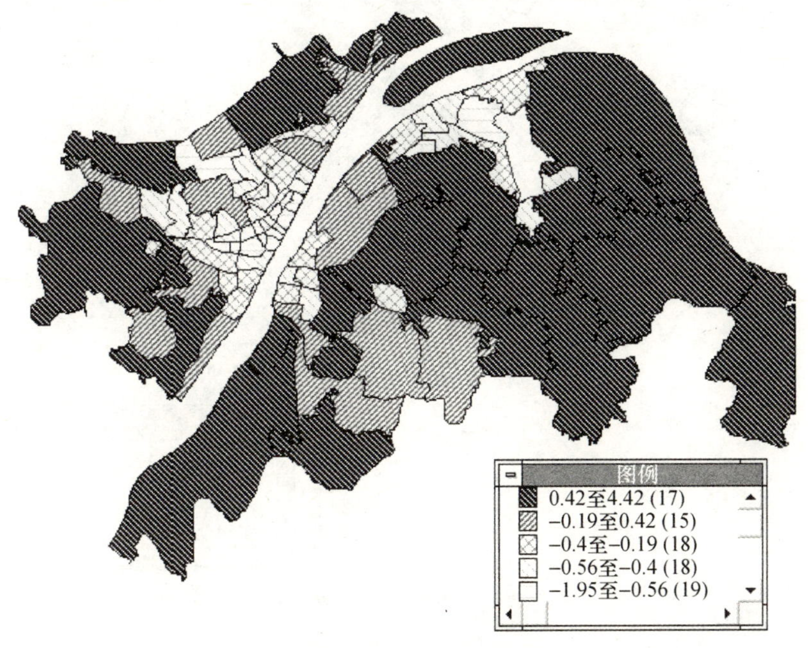

图 7-6　第四主因子得分图

第五主因子主要与电力、煤气及水的生产和供应业人数、离退休人数、住房面积在 17 至 19 平方米人数等变量有关,主要是离退休人员居住集中区。第五主因子得分较高街道主要集中在新城区与一些工厂接近的地方,如易家墩街、宗关街、万松街、五里墩街、中南路街、徐家棚街、杨园街、红卫路街、新沟桥街、红钢城街、白玉山街、冶金街等(图 7-7)。

第六主因子主要与 1990—2000 年人口年均增长率、性别比、6 岁及以上中专文化人数等变量相关,主要是一些人口增长较快的街道,可以称之为人口增长迅速区。从因子得分分布图上看,这些街道主要在新城区与城郊接合区(图 7-8)。

再以 2000 年六个主因子在各街区上的得分为基本数据矩阵,采用聚类分析对武汉市社会区类型进行进一步划分。选用层次聚类法(Hierarchical Cluster),距离测度选用欧氏距离(Euclidean Distance),用离差平方和法(Ward's Method)计算类与类的距离。通过反复试验,将武汉社区分成五类比较合适,再计算各类社会区在每个主因子上得分的平均值(表 7-5),以均值最大为依据判断社会区的特征,并据此命名社会区,各社会区分布见图 7-9。

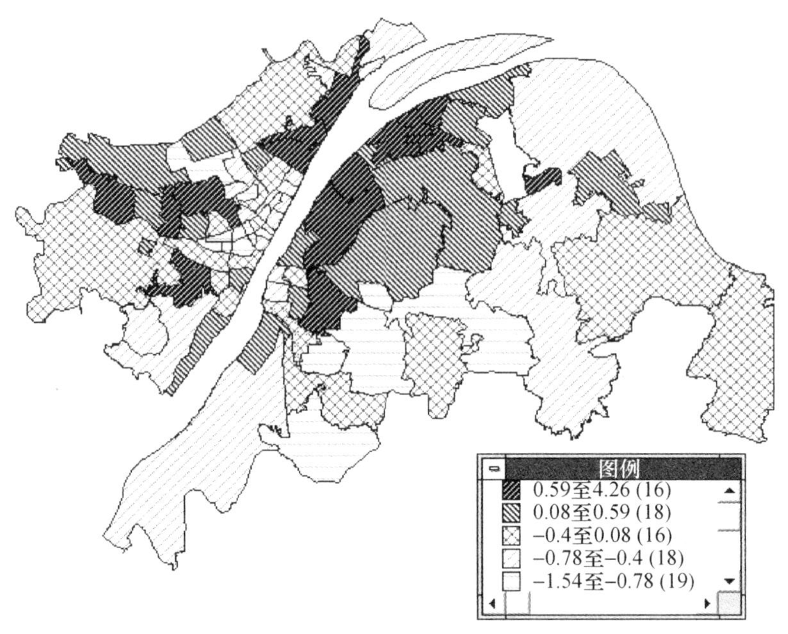

图 7-7　第五主因子得分图

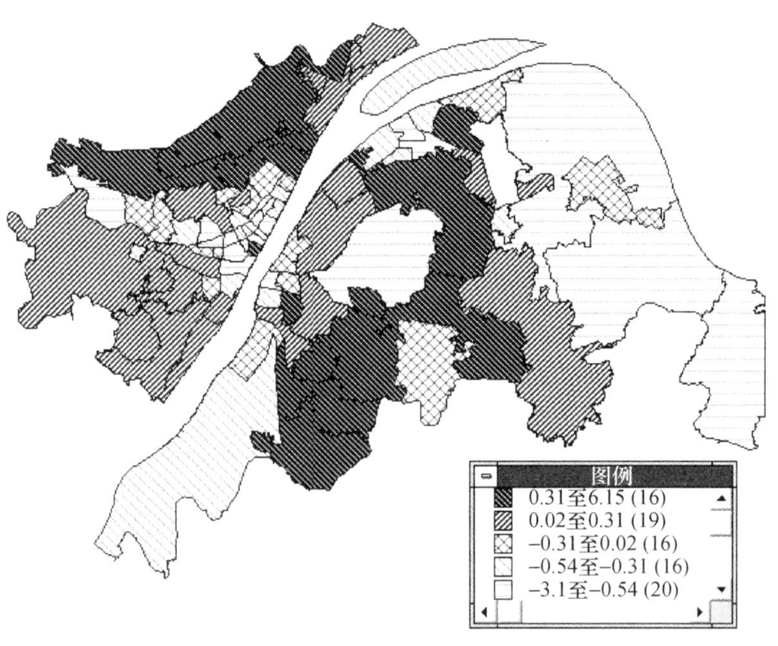

图 7-8　第六主因子得分图

表 7-5 2000 年武汉社会区各因子得分均值

类别	街道数	因子 1	因子 2	因子 3	因子 4	因子 5	因子 6
1	34	-0.163	-0.216	**0.360**	-0.515	-0.517	-0.361
2	14	**1.356**	0.644	0.691	0.300	-0.030	0.991
3	10	0.363	-0.007	-0.386	-0.305	**1.963**	-0.125
4	24	-0.672	0.000	-0.716	0.030	-0.004	**0.121**
5	5	-0.191	-0.321	-0.175	**3.130**	-0.308	-0.648

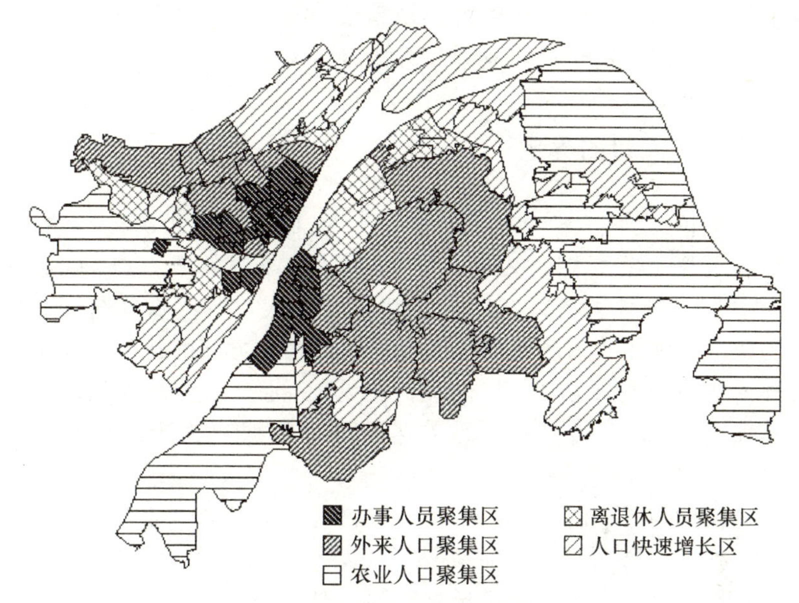

图 7-9 2000 年武汉社会空间结构图

第一类社会区在第三主因子(金融管理办事人员集中区)上的得分均值较高,因此我们称之为办事人员聚集区,是老城区比较繁华的商业地段。第二类社会区在第一主因子(外来人口与管理人员混合居住区)上的得分均值较高,我们称之为外来人口聚集区,主要在新城区发展较快的区域。第三类社会区在第五主因子(离退休人员居住集中区)上的得分均值较高,我们称之为离退休人员聚集区,如前所述主要在一些工厂附近的新城区街道。第四类社会区在第六主因子(人口增长迅速区)上的得分均值较高,我们称之为人口快速增长区,主要是新城区与城郊接合区街道。第五类社会区在第四主因子(农业人口集中区)上的得分均值较高,我们称之为农业人口聚集区,在远城区及城郊接合区。

第三节 武汉市外来人口的空间分布

在对武汉社会空间结构的因子生态分析中，初步分析了外来人口的空间分布状况。外来人口一直是一个备受关注的群体，不同城市对人口的相关研究中都充分重视外来人口的聚集区、外来人口的收入、居住等生活状况。作为城市生活人口中的一个重要群体，本书重点研究外来人口在武汉城市空间、各行业、职业的分布特点。

一、外来人口的界定

迄今为止，我国学术界对“外来人口”的概念仍无明确统一的表述，尚有许多争议和需要探讨之处。在不同的场合，“外来人口”也被称为“流动人口”、“暂住人口”、“迁移人口”、“两栖人口”等，这些名词分别从特定的角度反映了人口流动这一人口现象的某一方面的特征。我国流动人口规模的急剧变化，早已引起了国内外学者的广泛兴趣，有关部门也进行了多项调查，但是相关的研究仍然被统计数据和统计口径等问题所困扰。

人口流动，在国际上一般称为人口迁移，其定义为改变常住地超过半年或一年的人口移动。但目前在我国公安部门发布的迁移统计中，把人口迁移仅仅局限于办理了户口迁移手续的那部分人口，即“户籍迁移”人口。而其他没有完成户口迁移手续的“事实迁移人口”，全部被称为“外来人口”或“暂住人口”，这样做的结果，就是将越来越多的没有办理户口迁移的自发性人口迁移排斥在外，从而不能准确反映我国人口迁移的实际情况。

为了克服这个问题，在 1990 年和 2000 年两次人口普查和 1987 年、1995 年的全国 1% 人口抽样调查中，均按常住地标准统计人口，按其统计口径，迁移不仅包括办理了户籍迁移手续的人口，也包括没有办理户口迁移但是离开原住地超过一定时限的人口。本书认为，各次普查及调查所采取的迁移统计口径更能反映人口迁移的真实含义，因此采取这一口径。

根据我国国情，我们将外来人口定义为：离开了常住户籍所在地，跨越了一定的行政辖区范围，在某一地区暂住、滞留、活动超过一定时限的人口。这类人口规模大，在城市滞留时间长，且出现定居化、家庭化趋势，对城市经济社会发展,包括城市劳动力市场等都产生着复杂影响。如果按照人口普查的统计口径,将城市常住人口中户口为非本乡、镇、街道的人口通称为"外来人口",那么,本书研究的"外来人口",大体可分为两大类:一是专指在城市常住人口中户口为非本市区的"外来人口",我们可以称之为"流动人口"。这部分人口是真正来自城市外部的,可能具有不同于城市本地人的特性、结构、就业渠道和劳动供给方式的人群,也是"外来劳动力"这一特定人群的主体,他们较长时间停留在城市,从而对城市社会经济的发展、对城市的规划会产生很大的影响,因此是我们研究的重点;二是城市常住人口中户口为本市区的"外来人口",他们是来自本县市其他街道的"人户分离"人口,主要是在近年来城区建设改造或迅速发展中迁居,但因各种原因而没有变更户口登记而形成的,我们称之为"市内迁移人口",其中因"拆迁搬家"及"随迁家属"原因迁移的人口是前文研究旧城改造而搬迁的主要对象。

根据2000年人口普查资料,武汉市外来人口主要分布在主城区,超过80%。武汉市外来人口空间分布表现出较强的规律性,主要分布在老城区、新城区及城郊结合部。老城区由于基础设施老化,本地人口迁出,外来人口填充,为外来人口提供较多的就业机会,提供廉价住房和文化环境,成为外来人口集中的主要区域,如汉正街外来人口占总体的8.34%,是武汉市外来人口富集最明显的区域;新城区与城郊接合区由于具有良好的交通条件和与外来人口收入水平相适应的居住条件,加上这一地区城市和人口管理上的"宽松",所以成为外来人口聚居的理想之地。新城区如汉兴街、万松街、花桥街等,城郊结合部如洪山区珞南街、和平乡、洪山乡、江汉区常青街、硚口区长丰乡等因为新区建设和"城中村"存在,成为外来人口滞留的主要场所。目前,武汉市已经有20多个城乡结合部街道,外来人口占总人口的20%以上,甚至有部分街道达到40%—50%。

二、武汉市外来人口行业、职业空间分布特征

(一)武汉市外来人口行业、职业分布总体特点

从武汉市第五次人口普查数据中提取外来人口就业的行业数据,如图7-10所示(从业比例小于2%的行业未标出),可以看出,外来人口主要从事食品、饮料和烟草零售业,从业比例为12.93%,其次是服装制造业(9.40%)和种植业(7.57%),三者之和约占所有行业分布的30%。

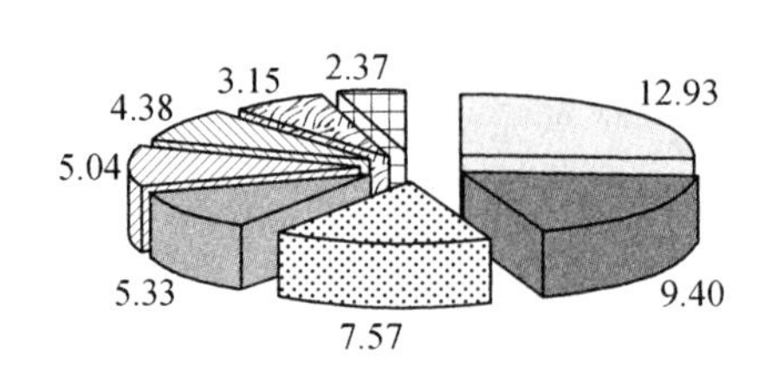

图 7-10　2000 年武汉外来人口行业分布图(%)

资料来源:根据 2000 年武汉市人口普查资料 1% 的抽样数据计算。

相应地提取外来人口就业职业数据,如图 7-11 所示(从业比例小于 2% 的职业未标出),可以看出,外来人口主要职业为营业人员,从业比例高达 19.97%,其次是裁剪、缝纫人员(7.05%)和企业负责人(6.39%),(如果将大田作物生产人员和园艺作物生产人员累加起来则为 7.21%,超过裁剪、缝纫人员位于第二),三者之和超过所有职业分布的 30%。

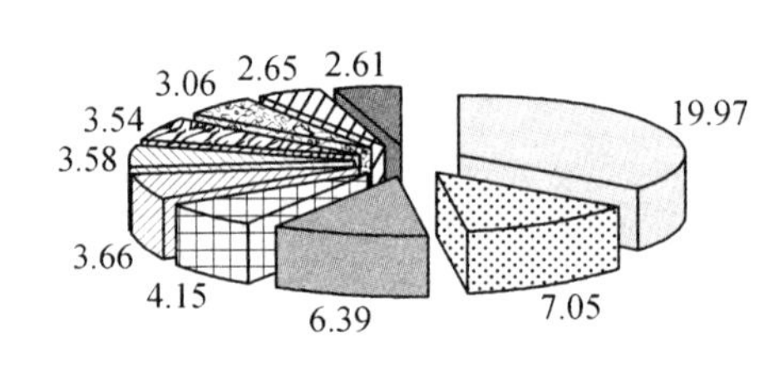

图 7-11　2000 年武汉外来人口行业分布图(%)

资料来源:根据 2000 年武汉市人口普查资料 1% 的抽样数据计算。

(二) 武汉外来人口行业、职业空间分布特征

1. 行业空间分布特征

外来人口所从事行业在全市范围内并非均匀分布,而是不同的区域具有不同的分布特点,特别是城区和郊区的行业分布形成明显对比,从图 7-12 可以看到,七大城区中外来人口除硚口区外全部选择食品、饮料和烟草零售业为第一就业行业,六大郊区中除黄陂区外全部选择种植业为第一就业行业,并且各占不同比例,这显示出了各区在武汉市经济发展中的地位,与各区产业结构和经济发展水平密切相关。

在七大主城区中,青山区外来人口在食品、饮料和烟草零售业就业的比例达到 23.58%,并分别以正餐、其他餐饮业为第二、第三就业行业,就

业比例分别为8.13%、5.69%，这与青山区大型工业基地的地位相符，因为大型工业基地势必形成就业人员对日常用品和生活服务的大量需求，可以说，正是外来人口所提供的零售和餐饮服务极大地方便了当地居民的生活。同样，外来人口在硚口区的第一就业行业为服装制造业，就业比例高达32.68%，第二、第三位分别为食品、饮料和烟草零售业（10.32%）和纺织品、服装及鞋帽零售业（9.04%），这也与该区素来发达的服装制造、小商品市场密切相关。

在郊区中，除黄陂区外，外来人口从事种植业的就业比例均在20%以上，特别是东西湖区更高达43.29%，这与这些区域发达的农业、食品产业和作为武汉市"菜篮子"的定位具有密切的关系。黄陂区外来人口则主要从事砖瓦、石灰和轻质建筑材料制造业，从业比例为34.62%，这与该地区丰富的自然资源密切相关。

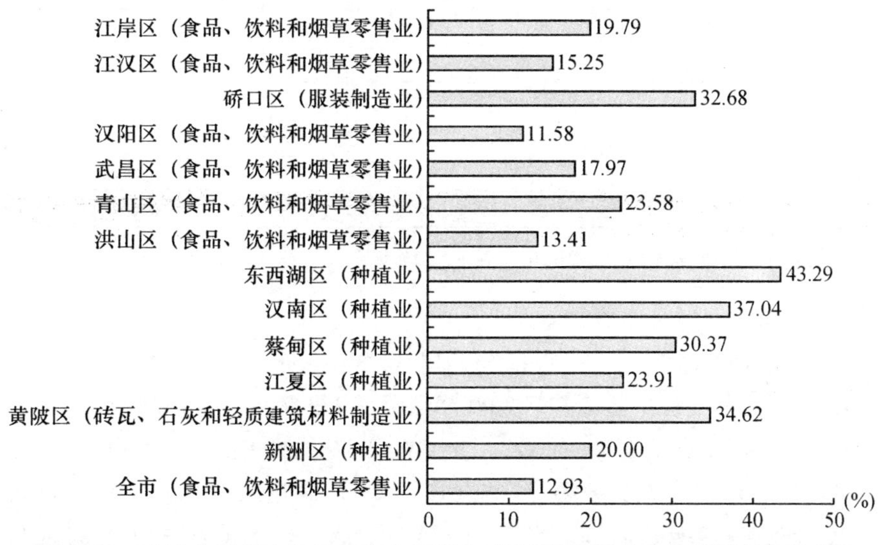

图7-12　2000年武汉市各区外来人口行业对比图（各区就业比例最高的行业）

资料来源：根据2000年武汉市人口普查资料1%的抽样数据计算。

从我们2005年的调查情况来看（表7-6），武汉市外来劳动力就业主要集中于少数行业之中，各城区都以批发和零售贸易、餐饮业为主要就业行业，除了汉阳区以外都以社会服务业为第二就业行业。汉阳区从事工业与社会服务业的比重相当，可能与汉阳区发展现代制造业有关。值得注意的是硚口区外来人口已由2000年时的服装制造业占主导转变为与其他城区一样以批发和零售贸易、餐饮业占主导。

表 7-6　2005 年分城区外来人口行业分布(%)

	江岸区	江汉区	硚口区	汉阳区	武昌区	青山区	洪山区	合计
一、农、林、牧、渔业	—	—	—	—	1.45	—	—	0.35
二—四、工业	1.87	5.13	11.96	14.58	7.25	6.78	—	6.67
五、建筑业	—	2.56	—	4.17	0.72	5.08	6.25	1.93
七、交通运输、仓储及邮电通信业	2.80	7.69	—	2.08	1.45	—	—	2.11
八、批发和零售贸易、餐饮业	62.62	51.28	56.52	60.42	52.90	50.85	52.08	55.44
九、金融、保险业	0.93	—	—	2.08	—	—	—	0.35
十、房地产	—	—	—	—	0.72	1.69	—	0.35
十一、社会服务业	29.91	33.33	30.43	14.58	34.78	33.90	41.67	31.75
十二、卫生、体育和社会福利业	1.87	—	1.09	2.08	0.72	—	—	0.88
十三、教育、文化艺术及广播电影电视业	—	—	—	—	—	1.69	—	0.18
合计	100.0	100.0	100.0	100.0	100.0	100.0	100.0	100.0

资料来源:根据 2005 年武汉市外来人口调查资料计算。

2. 职业空间分布特征

外来人口的职业分布特征与行业分布特征具有相似的特征(见图 7-13),七大主城区中除硚口区和江岸区外,均与食品、饮料和烟草零售业相对以营业人员为第一职业。江岸区以其他购销人员为第一职业(18.3%),以营业人员为第二职业(12.77%);硚口区则与服装制造业相对应以裁剪、缝纫人员(23.89%)为第一职业。六大郊区中除黄陂区和东西湖区外,均以大田作物生产人员为第一职业。东西湖区以园艺作物生产人员(28.66%)为第一职业,大田作物生产人员(13.72%)为第二职业;黄陂区则与砖瓦、石灰和轻质建筑材料制造业相对应以墙体屋面材料生产人员(30.77%)为第一职业。

2005 年对外来人口的职业情况调查,也发现其职业分布与行业分布具有相似的特征,各城区外来人口都以经商类职业为就业主体。如上所述,除汉阳区外,都以一些低端服务业为第二大就业行业,汉阳区由于现代制造业的发展,以在工业部门就业为第二大就业行业(表 7-7)。

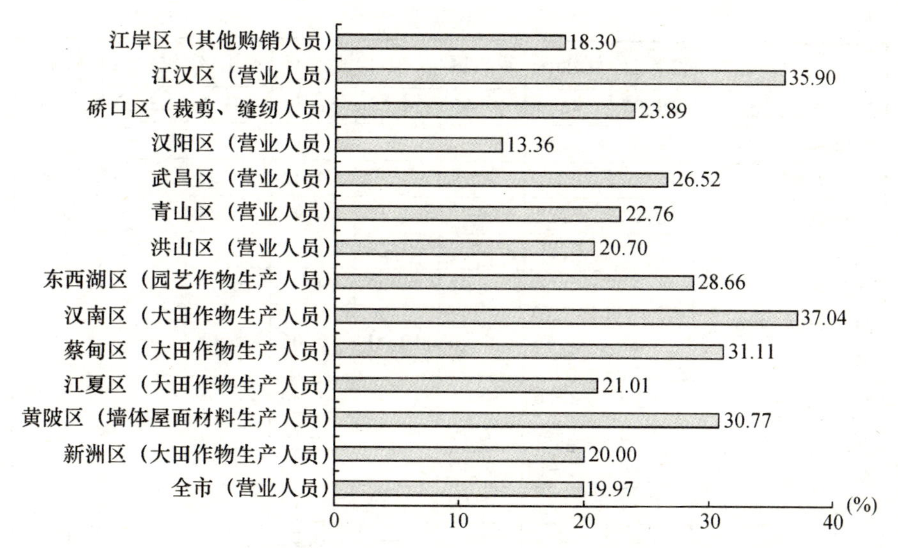

图 7-13 2000 年武汉市各区外来人口职业对比图(各区就业比例最高的职业)

资料来源:根据 2000 年武汉市人口普查资料 1% 的抽样数据计算。

表 7-7 2005 年分城区外来人口职业分布(%)

	江岸区	江汉区	硚口区	汉阳区	武昌区	青山区	洪山区	合计
一、工人	**5.61**	**3.84**	**13.05**	**20.84**	**3.61**	**13.55**	**20.83**	**9.48**
建筑工人	—	1.28	—	4.17	0.72	1.69	—	0.88
纺织工人	—	—	1.09	—	—	—	—	0.18
缝纫(服装、制鞋)工人	—	—	7.61	6.25	0.72	—	—	1.93
生产工人	—	—	—	—	0.72	—	—	0.18
维修工人	3.74	—	3.26	—	—	5.08	6.25	2.28
技术工人	—	1.28	—	—	—	—	6.25	0.70
其他工人	1.87	1.28	1.09	10.42	1.45	6.78	8.33	3.33
二、经商人员	**58.89**	**51.27**	**60.88**	**52.08**	**58.7**	**47.45**	**45.83**	**55.26**
食品饮食	29.91	29.49	22.83	37.50	26.09	15.25	18.75	25.96
日用百货	1.87	1.28	5.43	2.08	4.35	6.78	2.08	3.51
服装鞋帽	5.61	2.56	15.22	—	6.52	3.39	6.25	6.32
文化电讯	1.87	2.56	1.09	—	1.45	1.69	—	1.40
流动摊贩	—	—	1.09	2.08	—	—	2.08	0.53
其他经商	19.63	15.38	15.22	10.42	20.29	20.34	16.67	17.54

（续表）

	江岸区	江汉区	硚口区	汉阳区	武昌区	青山区	洪山区	合计
三、服务人员	**28.97**	**42.3**	**20.65**	**16.67**	**31.88**	**33.9**	**33.33**	**29.99**
经警勤杂	1.87	2.56	—	—	—	—	—	0.70
宾馆发廊	15.89	20.51	9.78	—	9.42	16.95	14.58	12.63
各种维修	0.93	1.28	—	4.17	7.97	6.78	4.17	3.68
交运服务	—	7.69	—	2.08	1.45	—	—	1.58
其他服务	10.28	10.26	10.87	10.42	13.04	10.17	14.58	11.40
四、文职管理人员	**6.53**	**2.56**	**5.43**	**10.41**	**5.06**	**5.08**	**—**	**5.1**
管理人员	0.93	2.56	—	—	1.45	3.39	—	1.23
专业技术人员	0.93	—	2.17	6.25	0.72	—	—	1.23
业务员	2.80	—	2.17	—	1.45	1.69	—	1.40
文教卫生	1.87	—	1.09	2.08	0.72	—	—	0.88
秘书,文员	—	—	—	—	0.72	—	—	0.18
其他文职	—	—	—	2.08	—	—	—	0.18
五、农业承包人员	**—**	**—**	**—**	**—**	**0.72**	**—**	**—**	**0.18**
种菜	—	—	—	—	0.72	—	—	0.18
合计	100.00	100.00	100.00	100.00	100.00	100.00	100.00	100.00

资料来源:根据2005年武汉市外来人口调查资料计算。

总的看来,近几年来,与2000年相比,各城区外来人口就业行业、职业有趋向一致的趋势,其就业形式发生了向以自我就业为主的第三产业发展的变化。

三、武汉外来人口行业、职业演化规律

(一)武汉市外来人口行业、职业随时间迁移的规律

提取武汉市第五次人口普查数据中各年度迁入的外来人口所从事的行业、职业数据(其中1995年10月31日以前为累计数据,其他为年度迁入数据),由于各年度迁入人口现所从事的行业、职业各不相同,仅选取各年度就业比例最高的前三大行业、职业为基础进行分析。

从行业变动趋势图(图7-14)中可以清楚地看到,种植业、服装制造业、房屋建筑业均有较明显的变动趋势,其他行业趋势不明显。具体而言,越近迁入的外来人口从事种植业的比例越低,2000年迁入的外来人

口从事该行业的比例仅 1.51%，而 1995 年 10 月 31 日以前累计为 16.87%，1996 年为 1995 年以前累计数的 5.69 倍；越近迁入的外来人口从事服装制造业的就业比例越高，2000 年比例为 12.91%，1995 年 10 月 31 日以前累计为 6.41%，前者为后者的 2.01 倍；1997 年迁入的外来人口房屋建筑业就业比例最低为 1.42%，而 2000 年迁入的外来人口则达到 10.04%，后者为前者的 7.07 倍，这可能是武汉市房地产业行业开始复苏的结果。从图中还可以看到，各年度的外来人口在食品、饮料、烟草零售业的就业比例均保持在 10% 以上；1995 年 10 月 31 日以前迁入的外来人口以种植业（16.87%）为第一就业行业，1996、1997、1998 年均以食品饮料和烟草零售业为第一就业行业，且超出其他行业较大比例，1999、2000 年迁入的则以服装制造业为第一就业行业，其中 1999 年迁入的外来人口从事服装制造业的比例为 11.64%，以食品饮料和烟草零售业位于第二（11.43%），2000 年迁入的同样以食品饮料和烟草零售业（10.76%）位于第二，房屋建筑业则以 10.04% 位于第三。

1995 年 10 月 31 日以前迁入的外来人口从事种植业、食品饮料烟草零售业的比例远高于其他行业，说明从事这两种行业的外来人口最具有长期居留的倾向，而其他行业的外来人口则相对属于短期迁移人口。另一方面，结合各区新增外来人口分布趋势图和行业分布，不难发现，硚口区在服装制造业就业人口的增长中起到重要作用；而由于种植业主要分布在六大郊区，在各年度的迁入人口中，六大郊区的人口增长速率又较低，因此各年度外来人口五普时期种植业就业比重呈逐年下降趋势，同时从另一个侧面反映了越近迁入，外来人口愿意从事种植业的比例越来越低。种植业之所以在全市范围内占有较高的从业比例，主要是以前年度外来人口存量的结果。从制造业和种植业的交替变化看来，武汉外来人口的行业选择随着时间而在变化。

相应地，从职业变动趋势图（图 7-15）则可以发现，营业人员，大田作物生产人员，园艺作物生产人员，裁剪、缝纫人员具有较明显的变动趋势，其他职业的变动趋势则不明显，且各年度迁入的外来人口从事营业人员职业的比例远高于其他职业。

与行业变动趋势相符，越近迁入的外来人口，大田作物生产人员、园艺作物生产人员就业比例越低：2000 年迁入的外来人口大田作物生产人员比例为 0.93%，1995 年 10 月 31 日以前累计为 9.68%，而 1996 年迁入的为前者的 4.06 倍；园艺作物生产人员 2000 年为 0.72%，1995 年 10 月 31 日以前累计为 6.33%，后者为前者的 8.79 倍。越近迁入的外来人口

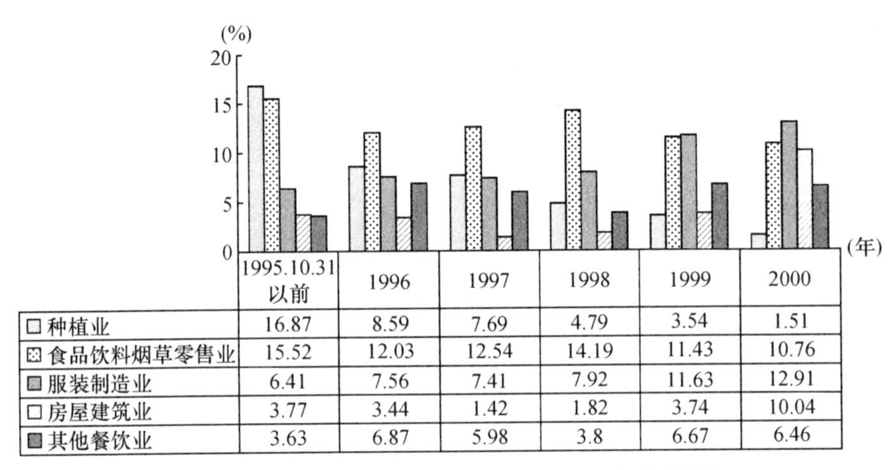

	1995.10.31以前	1996	1997	1998	1999	2000
种植业	16.87	8.59	7.69	4.79	3.54	1.51
食品饮料烟草零售业	15.52	12.03	12.54	14.19	11.43	10.76
服装制造业	6.41	7.56	7.41	7.92	11.63	12.91
房屋建筑业	3.77	3.44	1.42	1.82	3.74	10.04
其他餐饮业	3.63	6.87	5.98	3.8	6.67	6.46

图 7-14　武汉市各年度迁入外来人口行业变动趋势图

（以各年度迁入外来人口就业的前 3 大行业为参考）

资料来源：根据 2000 年武汉市人口普查资料 1% 的抽样数据计算。

从事裁剪、缝纫人员职业的比例越高，2000 年为 1995 年 10 月 31 日以前累计的 2.77 倍，为 1996 年迁入的 2.30 倍。特别值得注意的是，营业人员的变动趋势则与食品、饮料和烟草零售业的变动趋势有所不同，越近迁入的外来人口从事该行业的比例呈缓慢下降趋势。而根据前面的分析，营业人员在整个武汉市外来人口中是从事比例最高的职业，因此造成该现象的原因可能是该职业的市场容量已经达到一定的限度，造成每年所能吸收的外来人口数量越来越少，从而形成了该趋势。

同时，从 1995 年 10 月 31 日以前迁入的外来人口从事的职业来看，营业人员的比例最高，其次是大田作物生产人员、园艺作物生产人员、企业负责人。与行业分析相符，说明从事这些职业的外来人口最具有长期居留倾向。其中企业负责人均保持在 5% 以上的比例，同时也可以反映出越近迁入的外来人口愿意从事大田作为、园艺作物生产的比例越来越少，与前面的种植业分析相对应。

（二）探索分析

前面的分析表明，越近迁入的外来人口从事种植业、服装制造业的比例越高，那么这是否与外来人口迁入的学历构成的变迁有关呢？由于外来人口的主要学历层次为初中，各年度所占比例均在 50% 以上，其次为小学和高中，而且各年度迁入的外来人口学历均只有小范围的变化。因此可以断定，由于各年度迁入的外来人口学历变化较小，外来人口的学历

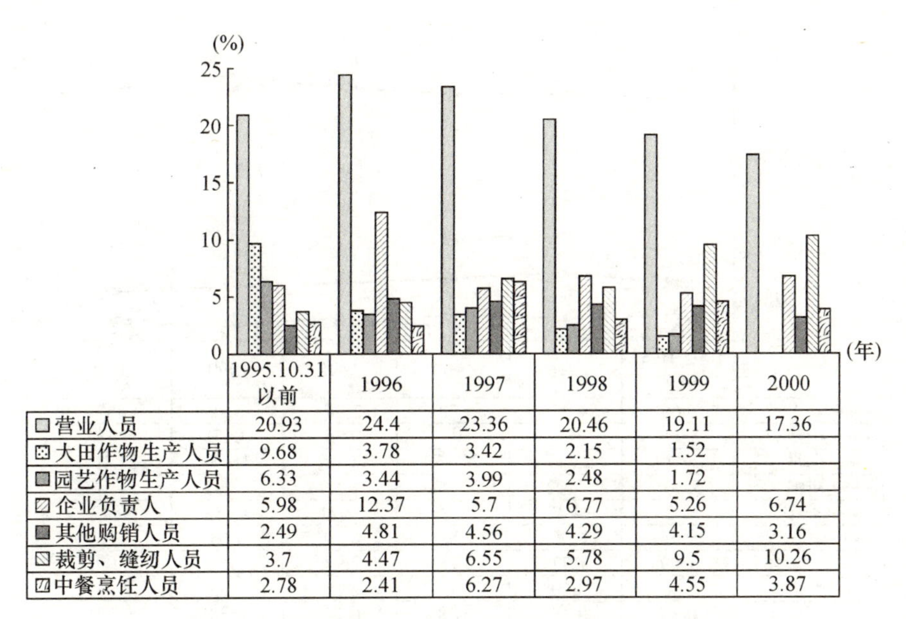

	1995.10.31以前	1996	1997	1998	1999	2000
营业人员	20.93	24.4	23.36	20.46	19.11	17.36
大田作物生产人员	9.68	3.78	3.42	2.15	1.52	
园艺作物生产人员	6.33	3.44	3.99	2.48	1.72	
企业负责人	5.98	12.37	5.7	6.77	5.26	6.74
其他购销人员	2.49	4.81	4.56	4.29	4.15	3.16
裁剪、缝纫人员	3.7	4.47	6.55	5.78	9.5	10.26
中餐烹饪人员	2.78	2.41	6.27	2.97	4.55	3.87

图 7-15 武汉市各年度迁入外来人口职业变动趋势图

(以各年度迁入外来人口就业的前三大职业为参考)

资料来源:根据 2000 年武汉市人口普查资料 1% 的抽样数据计算。

层次仅对其行业、职业选择产生较小的影响,较大的影响因素应该是迁入区域产业结构、经济发展水平。

(三) 结论

通过前面的分析,对武汉市外来人口的行业和职业特征,我们可以得出如下结论:

1. 从全市范围内来讲,外来人口就业行业主要分布在食品、饮料和烟草零售业,服装制造业和种植业,相对应的就业职业主要是营业人员,大田作物、园艺作物生产人员(累加),裁剪、缝纫人员,在这些行业和职业从业的外来人口具有较强的长期居留倾向。

2. 外来人口呈逐年加速的趋势进入武汉市,各区中以硚口区增长趋势最快,洪山区、武昌区次之,而各郊区外来人口的增长则比较缓慢。外来人口的行业、职业分布在全市范围内并非均匀地分布,而是以城区和郊区为分界,具有明显的规律:在城区范围内,外来人口就业行业以食品、饮料和烟草零售业所占比例最大,但硚口区以服装制造业所占比例最大;相应地,城区范围内外来人口职业以营业人员所占比例最大,硚口区则相应地以裁剪、缝纫人员占比例最大。因此,外来人口选择进入哪个地区以及

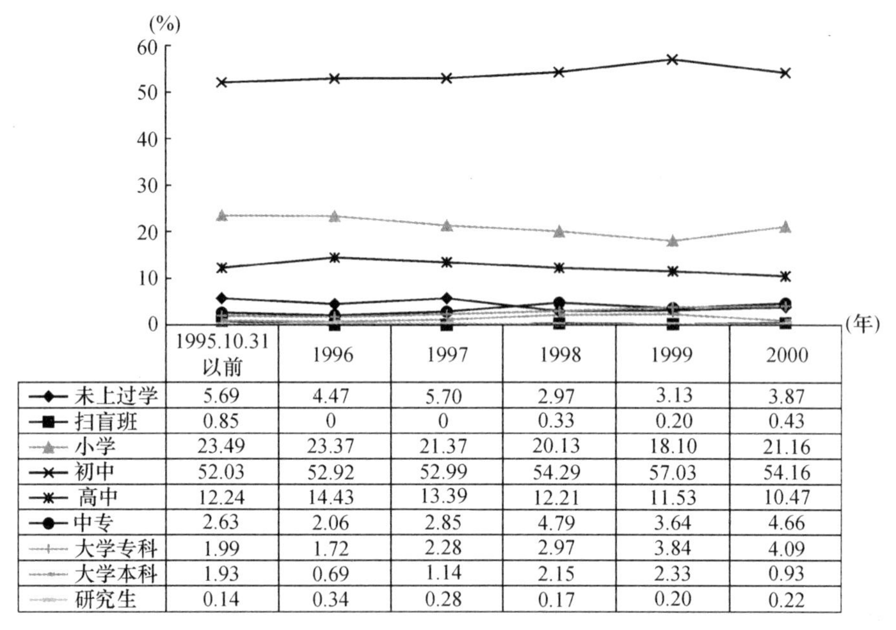

	1995.10.31以前	1996	1997	1998	1999	2000
未上过学	5.69	4.47	5.70	2.97	3.13	3.87
扫盲班	0.85	0	0	0.33	0.20	0.43
小学	23.49	23.37	21.37	20.13	18.10	21.16
初中	52.03	52.92	52.99	54.29	57.03	54.16
高中	12.24	14.43	13.39	12.21	11.53	10.47
中专	2.63	2.06	2.85	4.79	3.64	4.66
大学专科	1.99	1.72	2.28	2.97	3.84	4.09
大学本科	1.93	0.69	1.14	2.15	2.33	0.93
研究生	0.14	0.34	0.28	0.17	0.20	0.22

图 7-16　各年度迁入外来人口学历变化趋势图

资料来源:根据 2000 年武汉市人口普查资料 1% 的抽样数据计算。

在该区域所从事的行业和职业以该地区的经济发展水平和产业结构为吸引因素。

3. 由于城区能够给外来人口提供更多的就业机会和更高的工资水平,并且外来人口对种植业的不偏好,外来人口主要集中在城区。从整个武汉市来看,越近迁入的外来人口在服装制造业的从业比例越高,而种植业的从业比例越低,因此可以说外来人口的行业和职业存在一个等级演进的趋势,但是这与迁入地的产业结构变化密切相关,并且处在一个较低的层次。

4. 由于各年度迁入的外来人口学历层次变化不大,因此学历层次对外来人口的行业、职业选择影响不大。

四、城市外来人口的职业分层与收入分异

城市外来人口一直是一个备受关注的群体。改革的深入发展,城市地方政府部门也已经开始接受并容纳外来人口。而外来人口要适应城市生活且为城市文化所接纳,最基础的是其职业以及与其相联系的经济收

入和社会地位。一直以来,学术界对城市外来人口与本地人口的职业差别与收入差异的关注较多,而对外来人口内部的职业分化和收入分异的研究则相对较少。唐灿和冯小双通过对北京"河南村"废品回收业系统的追踪观察,认为在过去十多年的时间里,外来人口这一群体的内部结构已发生了深刻变化,并称之为"二次分化"。外来人口的"二次分化"主要是指,在水平方向上,外来人口在不断地创造一些新的职业;在垂直方向上,外来人口内部已出现了在资本占有、经济收入、社会声望、价值取向等方面有很大差异的等级群体,原群体内部的同质性已被打破。李培林的研究认为,流动农民工经过职业分化,实际上已经完全分属于三个不同的社会阶层:占有相当生产资本并雇用他人的私人业主、占有少量资本的自我雇用的个体工商业者和完全依赖打工的受薪者。王春光的研究则通过调查识别出第一代外来人口和新生一代外来人口,从代际认同角度分析了城市外来人口的分化。第一代外来人口是指改革后最早进城(甚至还包括在改革前已经进城的)的农村人口,第二代外来人口大多是 20 世纪 90 年代(最早的是在 80 年代末)进城的农村人口。他认为农村外来人口已经出现代际间的变化,他们不仅在流动动机上存在很大的差别,在许多社会特征上也很不相同。辛迪·法恩(C. Cindy Fan)认为,新古典主义将移民作为一个同质的整体对待,而没有解释那些杰出的"永久性居住"的外来人口与"临时性居住"的外来人口之间的显著差异。在中国当前这样的社会背景下,"永久性居住"的外来人口由于与政府制度的紧密联系使得他们在城市劳动力市场上能够获得更多的机会,而"临时性居住"的外来人口则由于缺乏这样的联系而被边缘化,两者间存在显著的差异。

根据笔者 2005 年的调查资料显示,武汉市外来人口的行业分布明显倚重第三产业:从事批发零售、贸易餐饮和社会服务行业的外来人口占到了约 87%,制造业占 6%,建筑业占 2%。由于此次调查是入户调查,受访者中的集体户较少,可能导致部分从事制造业和建筑业的集体聚居的外来人口被遗漏,但整体上还是反映了武汉市外来人口在相关社会服务业等低门槛、低技能的行业就业的总体发展趋势。根据 1990 年全国第四次人口普查源代码、2000 年第五次人口普查源代码和笔者 2005 年武汉市外来人口的抽样调查资料,对武汉市外来劳动力就业结构变化进行动态比较分析可知,武汉市外来人口在城市中的就业有明显的产业和行业选择性。从产业层面来看,外来人口集中于城市第二、第三产业,特别是第三产业,越来越多的外来人口来到武汉从事批发和零售贸易、餐饮业和房地产与社会服务业,从业人数逐年递增,在这十几年来呈明显上升趋势。

其原因一是外来劳动力就业形式发生变化,转向以自我就业形式为主的第三产业发展;二是外来人口角色地位发生变化,从过去主要补充工业企业劳动力就业不足转向主动扩展;第三则与武汉市产业结构的调整相关。

按照李培林对外来人口的三次社会阶层划分,我们可以大致将武汉市外来劳动者划分为以下三个层次:第一层,从事食品饮食、日用百货、服装鞋帽等商业活动的职业;第二层,从事宾馆发廊、各种维修、交运服务等服务职业及文职管理职员;第三层,工人和农业承包者。第一层次即是李培林所指的占有相当生产资本并雇用他人的业主,这一层次的外来劳动者多数具备一定的资金积累,与家人一起或雇用少数的员工从事商业活动,他们处在外来劳动者职业分层中的较高层次,其职业相对轻松且收入较高。第三层次中的工人就是李培林所指的完全依赖打工的受薪者,虽然他们在城市中具有很大的需求,但是工作辛苦,收入不高,在外来劳动者中的地位也不显著。而从事农业承包者这个职业的外来劳动者,其经营场所由农村转移到了城市,虽然职业性质由自给自足转变为向市场提供供给,收入水平比迁移之前有所提升,但是在外来劳动者中的社会地位却不尽如人意。第二层的从事服务职业及文职管理职员与其他两层相比较需要一定的技术技能,其收入水平、社会地位较工人和农业承包者要高。

由于城市外来人口在城市就业的过程在很大程度上是自发行为,其职业过程带有很强的市场决定特征;同时,由于其择业过程受到政策的限制和明显的歧视,外来劳动力进城后的职业并非是一成不变的,通常其职业变动频繁。频繁的职业变动,将会导致外来人口就业职业的差异。如从外来人口进入的前两类行业——制造业和批发、零售贸易、餐饮业来看,随着居住时间的延长,从事制造业外来人口的比重不断下降,从事批发和零售贸易及餐饮业的比重则逐步提高,反映出从外来人口"打工者"到"自我就业"这样一个转变的过程。外来人口离开户口所在地经过多次职业变动后,由雇员向个人就业、个体或私营业主转换的趋势明显,也因此外来人口的职业出现明显的差异。

为了更清楚地考察外来人口的这种职业分异,我们将外来人口按照职业性质分为两大类,一类是雇员或员工,另一类是雇主或自我就业。在我们调查的数据中,就业形式属雇员或员工的外来人口占外来人口就业总数的28.5%;而就业形式属雇主或个人就业的外来人口占71.5%。从雇员就业的单位性质看,在国有和集体企业之中就业的只占14.7%左右,而有74.8%的劳动力就业于个体和私营企业。从雇主或自我就业的性质看，主要为个体户，占 77.5%；其次是自我就业和私营业主形式，分别占 11.8%、10.3%。

对不同职业类型就业人员的收入进行比较，我们发现，77%的雇员平均每月工资收入主要集中在 400 元—1000 元之间，74.6%的雇主或自主就业者的经营性收入主要集中在 800 元—3000 元之间。可见，自主就业的经营性收入远高于作为雇员的工资性收入，不同职业性质的外来人口收入分异明显。

通过以上分析，容易发现城市外来人口已经由一个内部同质的群体开始了不同程度的分异，主要体现在职业与收入的分异上。而外来人口职业与收入的分异又会进一步导致其社会经济地位的差异。随着对外来人口这一群体的重视与关注，要真正保障外来人口的利益，城市政府在制定相关政策、制度，如外来人口子女入学教育、医疗、社会保障、住房等制度的时候，就要充分考虑不同的外来人口获得的机会以及承受能力等差异，使他们都能享受到政策的照顾，融入城市的社会生活。

第四节　小　　结

无论从宏观层面还是从微观层面看，不同人口在城市空间分布上都存在一定程度的差异。从宏观层面看，老城区形成了高收入人群与低收入人口的聚集区，新城区为一般阶层与专业人员聚集区，城郊接合区聚集了一些高收入人群以及为他们提供生活服务的服务业人员，而远城区则主要是农业人口聚集区。从职业分布状况看，老城区与新城区主要集中了大量购销人员，农业生产人员则集中在远城区；行政办公人员集中在老城区街道，其他职业人口也在不同圈层呈现不同分布特点。通过因子生态分析技术，2000 年武汉大致形成了五大不同人群聚集的社会区，办事人员聚集在老城区比较繁华的商业地段；外来人口聚集在新城区发展较快的区域；离退休人员聚集在一些工厂附近的新城区街道；新城区与城郊接合区是人口快速增长区，农业人口聚集在远城区及城郊接合区。此外，外来人口的聚集区及其行业职业分布也有自己的特点，且已出现职业分化与社会分层现象。可见，传统的没有显著差异的城市空间结构被差异性逐渐突出的新的城市空间所取代，城市社会空间重构的结果是社会空间的分异，因此验证了我们提出的第三个假设。

第八章
转型期旧城改造与城市社会空间重构的特点

1990 年之后,有关我国城市社会空间演进的动力机制和分化趋势的研究得以加强,相关研究从制度惯性、乡城迁移、市场化改革、全球化及城市规划策略等多角度分析我国社会经济转型期城市社会空间演进变迁的动力。本书从我国城市建设中的一个重要方面——旧城改造的角度对我国城市社会空间分异的原因进行了理论与实证研究。本章总结了转型期我国城市旧城改造与城市社会空间重构的特点,然后进行分析讨论并提出相应的政策含义。

第一节 我国旧城改造与城市社会空间重构的特点

从国内外对旧城改造的研究来看,主要是针对城市不同发展时期存在的社会经济问题而提出的如何通过有效的旧城改造方案与措施予以解决。虽然在旧城改造的研究中也提出了很多诸如改造理念、改造方式、改造内容、管理体制、运行机制、运作模式等方面的问题,但是对于旧城改造对城市社会经济发展所造成的影响的深入研究较少。旧城改造对城市社会经济的各方面都产生了深远的影响,它不仅仅是一种城市物质形态结构的变化,更是一种社会结构的变迁;它不仅造成城市物质空间结构的变化,而且也导致相应的城市社会经济关系的调整。

我国现阶段城市更新改造的实质是基于工业化进程开始加速、经济结构发生明显变化、社会进行全方位深刻变革这一宏观背景下的物质空间和社会空间的大变动和重新建构。它不仅面临着过去大量存在的物质性老化问题,更交织着结构性和功能型衰退,以及与之相伴而随的不同社会群体的社会经济地位与关系的变化、传统人文环境和历史文化环境的继承和保护等社会问题。从深层意义上看,城市的旧城改造应看做是整个社会发展工作的重要组成部分,从总体上应面向提高城市活力、推进社会进步这一更长远全局性目标。其总的指导思想应是提高城市功能,达到城市社会经济结构调整,改善城市环境,更新物质设施,促进城市文明。

一、旧城改造是转型期我国城市社会空间重构的主要原因之一

从对武汉的实证研究来看,城市的旧城改造使老城区面貌得到很大的改观,同时也提高了城市居民的居住条件。大规模旧城改造使得城市人口因"拆迁搬家"的原因市内迁移频繁,其流向主要是老城区以外的新城区和城郊接合区。而且随着企业的郊迁,新兴社会服务业的兴起,城市不同圈层产业结构发生了变化。由于城市产业结构直接决定了城市的经济功能,产业结构的变化必然导致就业结构的变化,就业结构的变化又主要表现为居民就业行业和职业结构的变化。因此,城市居民就业结构、就业率在不同圈层存在较大差异。居民就业状况的差异,又必将导致居民收入的差异,不同家庭之间的收入差距呈现扩大的趋势。因此,转型期我国城市大规模的旧城改造使得城市原有计划经济体制下所形成的传统的城市社会空间发生解构,造成了城市社会空间的重构。旧城改造是我国城市社会空间结构发生变化的主要原因之一。

二、旧城改造中不同利益主体对城市社会空间结构的影响不同

在市场经济条件下,城市社会空间结构是不同利益主体综合作用的结果。城市政府是城市的第一管理者,也是最重要的管理者,它对城市土地的空间利用配置,对城市经济发展的空间战略布局以及城市未来的发展方向有重要作用,是城市空间结构重构的引导者。企业是城市社会经济中最具活力要素,也是城市发展的核心要素,它通过对城市建设的财政支持、企业经济活动、企业区位选择、就业贡献等影响城市结构,是城市空间结构重构的直接实施者。城市居民是城市组织中最小的单元,与政府和企业相比,处于弱势地位,他们一般是城市空间结构重构的参与者。政府、企业及城市居民在参与城市活动的过程中都产生了一系列的空间

效果。

在转型期市场机制不完善的情况下,不同利益主体在市场中所处的地位不同。从城市管治角度看,政府与企业因其“强势的权力与资本”而处于主导地位,城市居民则因“弱势的民权”而处于弱势地位,由此决定了在旧城改造过程中,他们对城市社会空间重构起着不同的作用。在我国旧城改造规划制定的过程中绝大多数的操作方式都是通过行政机构的内部决策完成的,开发商参与规划的过程受到了决策过程的严格限制,而多数涉及切身利益的社会阶层尤其是那些弱势群体则由于没有相应的利益代理,使他们直接参与这个过程的可能性微乎其微。政府主导、开发商参与的旧城改造促使原有社区解体,政府“企业性的牟利行为”使其成为改造的倡导者与组织者,追逐利润的开发商的改造项目是有选择性的,那些具有巨大潜在收益的区位才被开发商看中,并由政府出面组织拆迁、补偿与更新,居民私人的土地使用权和私有房屋往往得不到应有的保护和尊重。拆迁安置也成为社会经济转型期我国城市社会空间分异的重要力量,因为几乎每一块旧城区拆迁改造的结果,都是中低收入居民被从城市中心地带“驱逐出去”,新进来的居民是少数能承担高房价的人。搬迁到偏远新区的居民,由于城市基础设施建设迟缓,面临交通、生活、工作的种种不便,反而增大了生活成本,导致城市社会空间的分隔。

三、旧城改造中不同利益主体获得的利益不同,转型期城市社会分层结构明显

城市经济改革对城市社会产生了深远的影响,但是很多计划经济的特点依然存在。改革所带来的利益的分配,一般而言是从一个集团转移到另一个集团。城市改革的最大受益团体一般都是政府体制内的核心成员(如政府官员)以及那些与政府部门联系密切的团体(如学术人员与专业技术人员),而那些与政府部门联系不密切的团体(如国有与集体企业产业工人)仅仅只能在短期内获得一定的利益。基于复杂的利益关系、传统观念和经济关系等原因,旧城改造是一个多方利益相互争夺、妥协,最终达到相对平衡的复杂过程。在改造过程中,存在着复杂的政府、房地产商和居民的三方博弈局面。由于他们在旧城改造中所起的作用不同,导致了旧城改造利益分配的差异。

城市居民的住房状况是研究不同阶层分化的一个重要方面。转型期不同阶层的住房状况存在明显差异。住房状况的差异反映的是城市不同

群体的收入、社会地位等的差距。在旧城改造过程中,由于转型期的市场机制并不完善,主要受益者是管理精英与企业精英阶层。作为管理精英,他们在拥有权力的同时也具有经济优势;企业精英则具有较强的经济实力,其经济优势甚至超越了管理精英。旧城改造房地产开发市场中的“钱权”现象由此可见一斑:政府部门工作人员以及与相关政府部门联系紧密的单位和个人获得的利益远远高于那些与政府部门没有联系的城市居民。专业精英越来越受到重视,其社会地位也逐渐提高。因此转型期的城市社会分层结构明显。

四、转型期城市社会空间重构的结果是城市社会空间分异

就武汉市的情况而言,无论从宏观层面还是从微观层面看,不同人口在城市空间分布上都存在一定程度的差异。从宏观层面看,老城区形成了高收入人群与低收入人口的聚集区,新城区为一般阶层与专业人员聚集区,城郊接合区聚集了一些高收入人群以及为他们提供生活服务的服务业人员,而远城区则主要是农业人口聚集区。从职业分布状况看,老城区与新城区主要集中了大量购销人员,农业生产人员则集中在远城区;行政办公人员集中在老城区街道,其他职业人口也在不同圈层呈现不同分布特点。通过因子生态分析技术,2000 年武汉大致形成了五大不同人群聚集的社会区:办事人员聚集在老城区比较繁华的商业地段;外来人口聚集在新城区发展较快的区域;离退休人员聚集在一些工厂附近的新城区街道;新城区与城郊接合区是人口快速增长区,农业人口聚集在远城区及城郊接合区。此外,外来人口的聚集区以及他们行业职业分布也有自己的特点,并且开始分化。传统的没有显著差异的城市空间结构被差异性逐渐突出的新的城市空间所取代。可见,转型期城市社会空间重构的结果是城市社会空间的分异。

第二节　政策含义

本书的研究有一个重要的理论前提,那就是转型期我国城市社会管理体制的特点依然是“大政府,小社会”的模式。在计划经济体制下,城市政府作为地方政权实体,不仅具有政治职能,也具有直接组织经济活动的职能,并以经济管理职能为主导。这种管理模式,一方面削弱了城市政

府合理组织城市经济社会发展和企业合理组织生产经营的积极性和主动性;另一方面,也导致了城市政府偏重于对企业经济行为的直接管理,把主要精力用于对众多企业的物资供应、资金拨付、人员配备、产品生产和销售等诸方面的直接协调和组织上,忽视了城市政府对城市经济社会发展的公共物品的建设和管理。自20世纪70年代末以来,随着改革开放政策的深入推行,传统的计划经济体制逐渐向社会主义市场经济体制转化,我国城市政府的机制、角色和行为方式都发生了深刻的变化,从而使我国城市发展和空间结构演化的运作机制也发生了深刻的变化。伴随着传统的计划经济体制逐渐被打破,政企分开,简政放权,城市政府不再直接控制城市经济发展,城市政府的经济管理职能、方式和机构设置都在向适应市场经济的需要转变。随着市场化的发展,大量的政府职能交给市场这只"看不见的手"来调节,计划逐渐让位于市场。从这个意义上讲,政府的功能被削弱了。

但是,这并不意味着政府对社会经济发展的控制力就大大降低了。相反,由于我们仍然维持着一种中央集中的政治体制,而且在这样一个过程中,中央政府的分权让利让地方政府对地方经济发展的控制力在某种程度上得到加强。这种控制力表现在城市空间结构上主要有以下几个方面:一是城市政府对城市经济发展以及具体建设项目的控制能力增强,很多城市经济和建设项目不再由中央政府批准;二是放权让利之后,各级城市政府发展城市经济的积极性大大提高,特别是土地市场建立之后,土地的使用、租借费用成为城市政府收入的主要来源之一,大量的土地被城市政府拍卖给企业,城市建设用地大大增加;三是在改革开放后的大规模城市建设中,不可避免地带来各方利益的冲突,这在城市拆迁等方面表现得尤为突出,在解决这些冲突的过程中,强力的城市政府成为有力的调节人,从而保证了城市空间结构的快速调整;四是由于我国城市土地的国有制,城市政府代表国家对城市土地进行管理和控制,这也为我国城市空间的迅速扩展和调整奠定了强有力的所有制基础。

体制转型后企业的权利束缚被打破,处于极其活跃状态的企业的活动选择空间增大,特别在城市土地作为资源进入市场时,企业根据自己的实力和需要自由选择生产活动区位,造就了整个城市空间的迅速扩张。由于住房市场化的开展,房地产市场逐渐代替企业成为城市居民住房的供应者。企业也从城市基础设施的重要供应者变成了城市基础设施的使用者和选择者。企业的选址不再是任意的或者是政府的主观决策,而是对基础设施、土地价格、周边环境、交通等多种区位因素的综合考虑,城市的工业用地布局也因此发生了重大的变化。城市空间扩大,企业数目和规模扩张对传统的城市规划和管理产生巨大冲击,企业的力量在规划实施过程中越发重要,不管是城市的旧城改造、新区的发展还是城市郊区化,企业都起了重要作用。然而,转型期我国城市企业的行为选择除了经济因素还受到政府及制度因素的影响。从组织上看企业已经变成一个具有相对独立性的经济实体。但是由于市场体系的不完善,企业的经济行为及区位选择仍然有计划经济时期的烙印,使得企业存在双重依赖:一是政府,一是市场。

城市居民是城市活动主体的最小单元,他们依靠个人的力量或者依靠所属社区的力量参加城市的经济活动和管理。城市居民相对于政府和企业来说,是经济行为更加灵活自由且独立存在的城市经济运行主体。但是在经济市场上,虽然居民个体是一个经济行为主体,但是在空间选择上,他却处在一种被动从属的地位,必须跟随企业的经济空间指向和政府的发展政策而变动。

由此看来,政府在城市社会经济发展中仍然有着强势的地位。随着市场经济的发展,企业的作用也越来越突出,而市民社会依然处在弱势的地位,呈现出政府最强、企业次之、市民社会最弱的社会管理体制,这一点从本书对代表不同主体的社会阶层在旧城改造中的利益获得情况的研究中得到了验证。然而,随着经济体制改革的推进以及经济的多元化,不可避免地,我国的社会力量也开始朝着多元化的方向发展,整个社会的制约力量正在增长,原来政府主导一切的局面正在消失。随着越来越多的城市居民开始独立地面向市场,成为独立的市民成员,公民意识也在不断增强,自主性参与的意识增强,权益维护意识增强。因此市民社会的利益、市民社会的要求也越来越受到关注与重视。

从以上的讨论可以看出,现阶段传统的政府单一纵向管理体制仍然主导着我国城市的管理。在这种宏观管理机制下,基于市场机制的城市经济比较优势不能充分发挥,影响城市空间结构的合理演化,从而制约城市化总体进程及其综合效益的实现。同时,城市社会阶层不断分化,各种社会资源(包括空间资源)分配不公引发的社会公平问题成为城市可持续发展的根本障碍。随着社会经济的发展进步,特别是政府管理体制改革的深化,社会生活中社会参与、协调机制日益形成,城市建设、管理中正通过各种制度逐渐体现公众参与的思想。公众参与实质上是为了弥补市场机制不足而出现的,在政府力量之外的另一种“非市场力量”。积极引入公共参与机制,走“民主化”的城市管理道路是体现社会公平的一项强有力的措施。

因此，要克服传统城市管理体制的弊端，实现城市的可持续发展，关键是要建立政府、企业与社会三位一体的城市治理结构。由此我们必须积极推行城市管治，全面综合地改善制度环境和管理模式，建立由城市政府、企业和社会组成的多元化管理模式，理顺政府及其他利益部门在城市管治中所应扮演的角色，综合运用国家机制与政府组织、市场机制与营利组织、社会机制与公众组织三套工具，推进城市的可持续发展。

参考文献

[1] Ade Kearns and Ronan Paddison,"New Challenges for Urban Governance",*Urban Studies*,Vol.37,No.5—6,2000.

[2] Alan Murie, Sako Musterd,"Social exclusion and opportunity structures in European cities and neighbourhoods", *Urban Studies*,Vol.41, Issue 8,Jul 2004.

[3] Andrew Henley,"Residential Mobility,Housing Equity and the Labor Market", *The Economic Journal*,Vol.108,No.447,Mar. 1998.

[4] Antonio Paez,"Network accessibility and the spatial distribution of economic activity in Eastern Asia", *Urban Studies*,Vol.41, Issue 11,Oct 2004.

[5] Arnold Graf,"A strategy for rebuilding inner cities",*The Review of Black Political Economy*,v24 n2—3,Fall-Winter 1995.

[6] Bourne L. S.,"Location Factors in the Redevelopment Process: A Model of Residential Change", *Land Economics*,Vol.45, Issue 2,May 1969.

[7] Brigitte S. Waldorf,"Segregation in urban space: A new measurement approach", *Urban Studies*,Vol. 30, Issue 7,Aug 1993.

[8] Chaolin Gu,Jianfa Shen,"Transformation of urban socio-spatial structure in socialist market economies:the case of Beijing",*Habitat International* 27(2003).

[9] Cui Gonghao,"On Development of Large Cities in China",*Chinese Geographical Science*, Volume 5,Number 1,1995.

[10] Eric Clark, "The Rent Gap Re-examined", *Urban Studies*,Vol.32, Issue 9, Nov 1995.

[11] Eric Clark,"Towards a Copenhagen interpretation of gentrification", *Urban Studies*,Vol.31, Issue 7,Aug 1994.

[12] Fiona M. Smith,"Discourse of Citizenship in Transition: Scale,Politics and Urban Renewal",*Urban Studies*, Vol.36,No.1,1999.

[13] Frans M. Dieleman,William A. V. Clark,Marinus C. Deurloo,"The Geogra-

phy of Residential Turnover in Twenty-seven Large US Metropolitan Housing Markets, 1985—95", *Urban Studies*, Vol. 37, Issue 2, Feb 2000.

[14] Fulong Wu, "China's changing urban governance in the transition towards a more market-oriented economy", *Urban Studies*, v39 i7, June 2002.

[15] Fulong Wu, "Globlization, Place Promotion and Urban Development in Shanghai", *Journal of Urban Affairs*, Volume 25, Number 1, 2003.

[16] F. Wu, "An experiment on the generic pylocentricity of urban growth in a cellular automatic city", *Environment & Planning B*, Vol. 25, Issue 5, Sep 1998.

[17] F. Wu, "Polycentric urban development and land-use change in a transitional economy: The case of Guangzhou", *Environment & Planning A*, Vol. 30, Issue 6, June 1998.

[18] Gregory Squires, Charis Kubrin, "Privileged places: race, uneven development and the geography of opportunity in urban America", *Urban Studies*, Vol. 42, Issue 1, Jan 2005.

[19] G. Thomas Kingsley and Margery Austin Turner, *Housing Markets and Residential Mobility*, The Urban Institute Press, Washington, D. C., 1993.

[20] Gu Chaolin, "Development, territorial difference and spatial evolution of towns in China—A discussion on the views of anti-urbanism in China", *Chinese Geographical Science*, Volume 6, Number 3, 1996.

[21] Gu Chaolin et al., "Growth of New Designated Cities in China", *Chinese Geographical Science*, Volume 9, Number 2, 1999.

[22] Hamnett, Chris, "Gentrification and the middle-class remaking of inner London, 1961—2001", *Urban Studies*, Vol. 40, Issue 12, Nov 2003.

[23] Han SunSheng, "Shanghai between State and Market in Urban Transformation", *Urban Studies*, Vol. 37, Issue 11, Oct 2000.

[24] Holly L. Hughes, "Metropolitan Structure and the Suburban Hierarchy", *American Sociological Review*, Vol. 58 Issue 3, Jun 1993.

[25] Jan K. Brueckner, David A. Fansler, "The Economics of Urban Sprawl: Theory and Evidence on the Spatial Sizes of Cities", *Review of Economics & Statistics*, Vol. 65, Issue 3, Aug 1983.

[26] Jari Ritsila and Marko Ovaskainen, "Migration and regional centralization of human capital", *Applied Economics*, v33 i3, Feb 20, 2001.

[27] Kathryn P. Nelson, *Gentrification and Distressed Cities*, The University of Wisconsin Press, 1988.

[28] Lars Brännström, "Poor Places, Poor Prospects? Counterfactual Models of Neighbourhood Effects on Social Exclusion in Stockholm, Sweden", *Urban Studies*, Vol. 41, Issue 13, Dec 2004.

[29] Lia Karsten,"Family gentrifiers: challenging the city as a place simultaneously to build a career and to raise children", *Urban Studies*, Vol. 40, Issue 12, Nov 2003.

[30] L. S. Bourne, "A Descriptive Typology of Urban Land Use Structure and Change", *Land Economics*, Vol. 50, Issue 3, Aug 1974.

[31] L. S. Bourne, "Close Together and Worlds Apart: An Analysis of Changes in the Ecology of Income in Canadian Cities", *Urban Studies*, Vol. 29, 1992.

[32] Masahisa Fujita, Paul Krugman, Tomoya Mori, "On the evolution of hierarchical urban systems", *European Economic Review* 43, 1999.

[33] Masahisa Fujita, Paul Krugman, "When is the economy monocentric?: von Thŭnen and Chamberlin unified", *Regional Science and Urban Economics* 25, 1995.

[34] Peter A. Murphy, "Immigration and the management of Australian cities: The case of Sydney", *Urban Studies*, Vol. 30, Issue 9, Nov 1993.

[35] Peter Ward, Edith Jimenez, "Residential Land Price Changes in Mexican Cities and the Affordability of Land for Low-income Groups", *Urban Studies*, Vol. 30, Issue 9, Nov 1993.

[36] Rena Sivitanidou, "Urban spatial variations in office-commercial rents: The role of spatial amenities and commercial", *Journal of Urban Economics*, Vol. 38, Issue 1, Jul 1995.

[37] Richard Shearmur, "Alvergne, ChristelIntrametropolitan Patterns of High-order Business Service Location: A Comparative Study of Seventeen Sectors in Ile-de-France", *Urban Studies*, Vol. 39, Issue 7, Jun 2002.

[38] Robert E. Lucas, Esteban Rossi-Hansberg, "On the Internal Structure of Cities", *Econometrica*, Vol. 70, Issue 4, Jul 2002.

[39] Robin Flowerdew, "Introduction: Internal Migration in the Contemporary World", *Regional Studies*, Vol. 38.6, August 2004.

[40] Stephen L. Ross, "Dimensions of Urban Structure: An Example of Construct Validation", *Urban Studies*, Vol. 30, Issue 7, Aug 1993.

[41] Thomas J. Kirn, "Growth and Changes in the Service Sector of the U. S.: A Spatial Perspective", *Annals of the Association of American Geographers*, Volume 77, Issue 3, Sep 1987.

[42] Tim Butler, "Living in the bubble: gentrification and its 'others' in North London", *Urban Studies*, Vol. 40, Issue 12, Nov 2003.

[43] Tom Kauko, "A Comparative Perspective on Urban Spatial Housing Market Structure: Some More Evidence of Local Sub-markets Based on a Neural Network Classification of Amsterdam", *Urban Studies*, Vol. 41 Issue 13, Dec 2004.

[44] Usha Nair Reichert, "Revitalizing the inner city: a holistic approach", *The Review of Black Political Economy*, v24 n2—3, Fall-Winter 1995.

[45] Wang Ya Ping, *Urban Poverty, Housing, and Social Change in China*, New York: Routledge, 2004.

[46] Wayne K. D. Davies, Daniel P. Donoghue, "Economic diversification and group stability in an urban system: The case of Canada, 1951—86", *Urban Studies*, Vol. 30, Issue 7, Aug 1993.

[47] William A. V. Clark, "Does commuting distance matter? Commuting tolerance and residential change", *Regional Science & Urban Economics*, Vol. 33, Issue 2, Mar 2003.

[48] William A. V. Clark, Sarah A. Blue, "Race, Class, and Segregation Patterns in U. S. Immigrant Gateway Cities", *Urban Affairs Review*, Vol. 39, Issue 6, Jul 2004.

[49] William A. V. Clark, Youqin Huang, "Black and White Commuting Behavior in a Large Southern City: Evidence from Atlanta", *Geographical Analysis*, Vol. 36, Issue 1, Jan 2004.

[50] Wu Qiyan, Luo Junyan, "The Progress in Urban Social Spactial Differentiation Study of China", *Chinese Geographical Science*, Volume 9, Number 3, 1999.

[51] Yasusada Murata, "Rural-urban interdependence and industrialization", *Journal of Development Economics*, Vol. 68, 2002.

[52] Youqin Huang, William A. V. Clark, "Housing Tenure Choice in Transitional Urban China: A Multilevel Analysis", *Urban Studies*, Vol. 39, Issue 1, Jan 2002.

[53] Zhou Chunshan, Xu Xueqiang, Sylvia Szeto, "Population Distribution and Its Change in Guangzhou City", *Chinese Geographical Science*, Volume 8, Number 3, 1998.

[54] W. 鲍尔:《城市的发展过程》,中国建筑工业出版社 1981 年版。

[55] 〔美〕曼纽尔·卡斯泰尔著,崔保国等译:《信息化城市》,江苏人民出版社 2001 年版。

[56] 〔美〕丁成日:《城市"摊大饼"式空间扩张的经济学动力机制》,《规划研究》2005 年第 4 期。

[57] 艾大宾、王力:《我国城市社会空间结构特征及其演变趋势》,《人文地理》2001 年第 16 卷第 2 期。

[58] 边燕杰、刘勇利:《社会分层、住房产权与居住质量——对中国"五普"数据的分析》,《社会学研究》2005 年第 3 期。

[59] 边燕杰:《市场转型与社会分层——美国社会学者分析中国》,生活·读书·新知三联书店 2002 年版。

[60] 柴彦威:《中、日城市内部空间结构比较研究》,《人文地理》1999 年第 1 期。

[61] 陈福军:《城市治理研究》,东北财经大学博士学位论文,2003 年。

[62] 陈扣林、吴连干:《旧城改造拆迁补偿政策的思考》,《中国物价》2000 年第 5 期。

[63] 陈眉舞:《中国城市居住区更新:问题综述与未来策略》,《城市问题》2002 年第 4 期。

[64] 陈修颖:《基于城乡互动的衡阳市城市空间结构重组:理论与实践》,《地理科学》2005 年第 3 期。

[65] 陈业伟:《旧城改造要加强城市规划的宏观调控作用》,《城市规划汇刊》1997 年第 2 期。

[66] 陈振光、胡燕:《西方城市管治:概念与模式》,《城市规划》2000 年第 24 卷第 9 期。

[67] 仇保兴:《城市经营、管治和城市规划的变革》,《城市规划汇刊》2004 年第 28 卷第 2 期。

[68] 崔赫、华晨:《大规模拆迁改造的反思及城市更新开发新策略》,《特区经济》2004 年第 11 期。

[69] 董春、刘纪平、赵荣、王桂新:《地理因子与空间人口分布的相关性研究》,《遥感信息》2002 年第 4 期。

[70] 董宏伟:《转型经济条件下城市空间结构的演变——以武汉为例》,武汉大学硕士学位论文,2004 年。

[71] 范红忠:《市场、政府的力量及多中心城市的形成》,《改革》2004 年第 6 期。

[72] 方可:《当代北京旧城更新:调查·研究·探索》,中国建筑出版社 2000 年版。

[73] 方志刚:《多元共生:历史地段改造更新的现实道路——以上海里弄住宅地区的旧城改造为例》,《同济大学学报(社会科学版)》2001 年第 12 卷第 4 期。

[74] 冯健:《正视北京的社会空间分异》,《北京规划建设》2005 年第 2 期。

[75] 冯健:《转型期中国城市内部空间重构》,科学出版社 2004 年版。

[76] 高向东:《大城市人口分布变动与郊区化研究——以上海为例》,复旦大学出版社 2003 年版。

[77] 龚清宇:《追溯近现代城市规划的“传统”:从“社经传统”到“新城模型”》,《城市规划》1999 年第 23 卷第 2 期。

[78] 顾朝林、沈建法、姚鑫、石楠等:《城市管治——概念·理论·方法·实证》,东南大学出版社 2003 年版。

[79] 顾朝林、甄峰、张京祥:《聚集与扩散——城市空间结构新论》,东南大学出版社 2000 年版。

[80] 顾朝林:《发展中国家城市管治研究及其对我国的启发》,《城市规划》2001 年第 25 卷第 9 期。

[81] 顾朝林等:《经济全球化与中国城市发展》,商务印书馆 2003 年版。

[82] 何流、崔功豪:《南京城市空间扩展研究》,《现代经济探讨》2000 年第 10 期。

[83] 黄亚平:《城市规划、城市空间环境建设与城市社会发展》,《城市发展研究》2005 年第 2 期。

[84] 黄泽民:《我国多中心城市空间自组织过程分析——克鲁格曼模型借鉴》,

《经济研究》2005 年第 1 期。

[85] 江曼琦:《聚集效应与城市空间结构的形成与演变》,《天津社会科学》2001 年第 4 期。

[86] 姜杰、彭展、夏宁主编:《城市管理学》,山东人民出版社 2005 年版。

[87] 李春玲:《断裂与碎片:当代中国社会阶层分化实证分析》,社会科学文献出版社 2005 年版。

[88] 李东泉:《政府"赋予能力"与旧城改造》,《城市问题》2003 年第 2 期。

[89] 李建波、张京祥:《中西方城市更新演化比较研究》,《城市问题》2003 年第 5 期。

[90] 李娟:《构建有效的国民经济空间结构》,《中国城市经济》2005 年第 2 期。

[91] 李军、谢宗孝、任晓华:《武汉市产业结构与城市用地及空间形态的变化》,《武汉大学学报(工学版)》2002 年第 35 卷第 5 期。

[92] 李路路:《论社会分层研究》,《社会学研究》1999 年第 1 期。

[93] 李路路:《再生产的延续:制度转型与城市社会分层结构》,中国人民大学出版社 2003 年版。

[94] 李培林、李强、孙立平:《中国社会分层》,社会科学文献出版社 2004 年版。

[95] 李强:《转型期的中国社会分层结构》,黑龙江人民出版社 2002 年版。

[96] 李实、〔日〕佐藤宏主编:《经济转型的代价——中国城市失业、贫困、收入差距的经验分析》,中国财政经济出版社 2004 年版。

[97] 李雪英、孔令龙:《当代城市空间拓展机制与规划对策研究》,《现代城市研究》2005 年第 1 期。

[98] 李银河、王震宇、唐灿、马春华:《穷人与富人——中国城市家庭贫富分化调查》,华东师范大学出版社 2004 年版。

[99] 李志刚、吴缚龙、刘玉亭:《城市社会空间分异:倡导还是控制》,《城市规划汇刊》2004 年第 6 期。

[100] 李志刚、吴缚龙、卢汉龙:《当代我国大都市的社会空间分异——对上海三个社区的实证研究》,《城市规划》2004 年第 28 卷第 6 期。

[101] 刘海龙:《从无序蔓延到精明增长——美国"城市增长边界"概念述评》,《城市问题》2005 年第 3 期。

[102] 刘荣增、朱传耿:《20 世纪后期美国城市空间发展演变的理性思考》,《南都学坛(哲学社会科学版)》2001 年第 5 期。

[103] 刘盛和:《城市土地利用扩展的空间模式与动力机制》,《地理科学进展》2002 年第 1 期。

[104] 刘耀彬、白淑军:《武汉市人口的空间变动与郊区化研究》,《湖北大学学报(自然科学版)》2002 年第 4 期。

[105] 刘玉亭:《转型期中国城市贫困的社会空间》,科学出版社 2005 年版。

[106] 刘祖云:《社会转型与社会分层——20 世纪末中国社会的阶层分化》,《华

中师范大学学报(人文社会科学版)》1999 年第 38 卷第 4 期。

[107] 卢源:《旧城改造中弱势群体保护的制度安排》,《城市管理》2005 年第 5 期。

[108] 卢源:《论旧城改造规划过程中弱势群体的利益保障》,《现代城市研究》2005 年第 11 期。

[109] 罗名海:《武汉市城市空间形态演变研究》,《经济地理》2004 年第 24 卷第 4 期。

[110] 欧阳南江:《20 年代以来西方国家城市内部结构研究进展》,《热带地理》1995 年第 3 期。

[111] 邱建华:《"绅士化运动"对我国旧城更新的启示》,《热带地理》2002 年第 22 卷第 2 期。

[112] 商服用房拆迁补偿研究课题组:《非证载商服用房的拆迁阻力与对策——武汉市商服用房拆迁补偿研究报告之一》,《武汉房地》2005 年第 3 期。

[113] 邵磊:《北京旧城改造拆迁补偿政策的回顾与反思》,《城市开发》2003 年第 5 期。

[114] 苏建平主编:《武汉当代人口研究——武汉市第五次全国人口普查论文选集》,武汉市第五次人口普查办公室,2002 年 10 月。

[115] 唐历敏:《人文主义规划思想对我国旧城改造的启示》,《城市规划汇刊》1999 年第 4 期。

[116] 藤田昌久、保罗·克鲁格曼、安东尼·J. 维纳布尔斯著,梁琦主译:《空间经济学——城市、区域与国际贸易》,中国人民大学出版社 2005 年版。

[117] 宛素春等:《城市空间形态解析》,科学出版社 2004 年版。

[118] 王开泳、王淑婧、薛佩华:《城市空间结构演变的空间过程和动力因子分析》,《云南地理环境研究》2004 年第 4 期。

[119] 王开泳、肖玲、王淑婧:《城市社会空间结构研究的回顾与展望》,《热带地理》2005 年第 25 卷第 1 期。

[120] 王开玉:《中国中部省会城市社会结构变迁:合肥市社会阶层分析》,社会科学文献出版社 2004 年版。

[121] 王磊:《城市产业结构调整与城市空间结构演化——以武汉市为例》,《城市规划汇刊》2001 年第 3 期。

[122] 王新生、刘纪远、庄大方、姜友华、张红、余瑞林:《中国城市形状的时空变化》,《资源科学》2005 年第 3 期。

[123] 王战和、许玲:《高新技术产业开发区与城市经济空间结构演变》,《人文地理》2005 年第 2 期。

[124] 魏立华、闫小培:《社会经济转型期中国城市社会空间研究述评》,《城市规划学刊》2005 年第 5 期。

[125] 吴晨:《城市复兴的评估》,《国外城市规划》2003 年第 18 卷第 4 期。

［126］ 吴晨:《城市复兴中的合作伙伴组织》,《城市规划》2004 年第 28 卷第 8 期。

［127］ 吴良镛:《科学发展观指导下的城市规划》,《人民论坛》2005 年第 6 期。

［128］ 吴启焰、任东明、杨荫凯、舒晓斌:《城市居住空间分异的理论基础与研究层次》,《人文地理》2000 年第 3 期。

［129］ 吴启焰:《城市社会空间分异的研究领域及其进展》,《城市规划汇刊》1999 年第 3 期。

［130］ 吴启焰:《从集聚经济看城市空间结构》,《人文地理》1998 年第 1 期。

［131］ 仵宗卿、戴学珍、戴兴华:《城市商业活动空间结构研究的回顾与展望》,《经济地理》2003 年第 3 期。

［132］ 项光勤:《发达国家旧城改造的经验教训及其对中国城市改造的启示》,《学海》2005 年第 4 期。

［133］ 修春亮、祝翔凌:《地方性中心城市空间扩张的多元动力——基于葫芦岛市的调查和分析》,《人文地理》2005 年第 2 期。

［134］ 徐明前:《城市的文脉——上海中心城旧住区发展方式新论》,学林出版社 2004 年版。

［135］ 徐明前:《关于上海新一轮旧区改造的思考》,《城市规划》2001 年第 25 卷第 12 期。

［136］ 阎小培、林彰平:《20 世纪 90 年代中国城市发展空间差异变动分析》,《地理学报》2004 年第 3 期。

［137］ 阎小培:《信息产业与城市发展》,科学出版社 1999 年版。

［138］ 阎小培:《信息技术产业的空间分布及其影响因素分析——以美国、英国、中国为例》,《地理学与国土研究》1995 年第 2 期。

［139］ 阳建强、吴明伟编著:《现代城市更新》,东南大学出版社 1999 年版。

［140］ 杨汝万:《发展中国家的城市管治及其对中国的含义(上)》,《城市管理》2002 年第 5 期。

［141］ 杨上广:《大城市社会极化的空间响应研究——以上海为例》,华东师范大学博士学位论文,2005 年。

［142］ 杨上广:《大城市社会空间结构演变的动力机制研究》,《社会科学》2005 年第 10 期。

［143］ 杨文:《转型期中国城市空间结构重构研究》,华东师范大学硕士学位论文,2005 年。

［144］ 杨永春:《西方城市空间结构研究的理论进展》,《地域研究与开发》2003 年第 22 卷第 4 期。

［145］ 杨云彦、陈金永、刘塔:《外来劳动力对城市本地劳动力市场的影响——“武汉调查”的基本框架与主要发现》,《中国人口科学》2001 年第 2 期。

［146］ 杨云彦、陈金永:《转型劳动力市场的分层与竞争——结合武汉的实证分

析》,《中国社会科学》2000 年第 5 期。

[147] 杨云彦、田艳平、易成栋、何雄:《大城市的内部迁移与城市空间动态分析——以武汉市为例》,《人口研究》2004 年第 2 期。

[148] 杨云彦:《改革开放以来中国人口“非正式迁移”的状况——基于普查资料的分析》,《中国社会科学》1996 年第 6 期。

[149] 杨云彦:《区域经济的结构与变迁》,河南人民出版社 2001 年版。

[150] 杨云彦:《区域经济学》,中国财政经济出版社 2004 年版。

[151] 杨云彦:《中部城市就业紧缩中的行业替代研究》,《中国人口科学》2002 年第 6 期。

[152] 姚丽斌、赵玲玲:《对市场经济条件下旧城改造的再认识》,《城市问题》2000 年第 2 期。

[153] 姚士谋、汤茂林、陈爽、陈雯:《区域与城市发展论》,中国科学技术大学出版社 2004 年版。

[154] 叶东疆:《对中国旧城更新中社会公平问题的研究》,浙江大学硕士学位论文,2003 年。

[155] 叶东疆:《旧城改造中引发的社会公平问题》,《城乡建设》2003 年第 4 期。

[156] 易成栋:《制度变迁、地区差异和中国城镇家庭的住房选择》,中南财经政法大学博士学位论文,2005 年 3 月。

[157] 易峥、阎小培、周春山:《中国城市社会空间结构研究的回顾与展望》,《城市规划汇刊》2003 年第 1 期。

[158] 殷洁、张京祥、罗小龙:《基于制度转型的中国城市空间结构研究初探》,《人文地理》2005 年第 3 期。

[159] 于海:《城市社会学文选》,复旦大学出版社 2005 年版。

[160] 于涛方、彭震、方澜:《从城市地理学角度论国外城市更新历程》,《人文地理》2001 年第 16 卷第 3 期。

[161] 俞可平:《中国公民社会的兴起与治理的变迁》,社会科学文献出版社 2002 年版。

[162] 俞礼祥:《从一座城市看中国社会阶层结构的变迁》,湖北人民出版社 2004 年版。

[163] 袁继成、尹德慈:《武汉开放发展的历史轨迹及其国际性城市建设》,《中南财经大学学报》1997 年第 2 期。

[164] 袁家冬:《对我国旧城改造的若干思考》,《经济地理》1998 年第 18 卷第 3 期。

[165] 张京祥、崔功豪:《城市空间结构增长原理》,《人文地理》2000 年第 2 期。

[166] 张平宇:《城市再生:21 世纪中国城市化趋势》,《地理科学进展》2004 年第 23 卷第 4 期。

[167] 张平宇:《城市再生:我国新型城市化的理论与实践问题》,《城市规划》

2004 年第 28 卷第 4 期。

[168] 张善余、高向东:《特大城市人口分布特点及变动趋势研究》,《世界地理研究》2002 年第 1 期。

[169] 张庭伟:《1990 年代中国城市空间结构的变化及其动力机制》,《城市规划》2001 年第 25 卷第 7 期。

[170] 张文忠、李业锦:《北京市商业布局的新特征和趋势》,《商业研究》2005 年第 8 期。

[171] 张文忠、刘旺、李业锦:《北京城市内部居住空间分布与居民居住区位偏好》,《地理研究》2003 年第 6 期。

[172] 张文忠:《城市居民住宅区位选择的因子分析》,《地理科学进展》2001 年第 3 期。

[173] 张文忠:《大城市服务业区位理论及其实证研究》,《地理研究》1999 年第 3 期。

[174] 张小军、韩增林:《大连市城市空间组织演进分析》,《辽宁师范大学学报(自然科学版)》2001 年第 3 期。

[175] 赵红梅:《城市更新中的旧居住区改造模式研究——以长春为例》,东北师范大学硕士学位论文,2005 年。

[176] 赵云伟:《当代全球城市的城市空间重构》,《国外城市规划》2001 年第 5 期。

[177] 郑杭生、刘精明:《转型加速期城市社会分层结构的划分》,《社会科学研究》2004 年第 2 期。

[178] 中国社会科学院"当代中国人民内部矛盾研究"课题组:《城市人口的阶层认同现状及影响因素》,《中国人口科学》2004 年第 5 期。

[179] 周春山、许学强:《西方国家城市人口迁居研究进展综述》,《人文地理》1996 年第 4 期。

[180] 周洪德、姜凌、师丽、李延铸:《用经营城市新理念突破城市建设瓶颈——关于成都市旧城改造新模式的理论思考》,《中共四川省委党校学报》2003 年第 1 期。

[181] 周伟林、严翼等:《城市经济学》,复旦大学出版社 2004 年版。

[182] 周一星:《北京的郊区化及引发的思考》,《地理科学》1996 年第 16 卷第 3 期。

[183] 朱郁郁、孙娟、崔功豪:《中国新城市空间现象研究》,《地理与地理信息科学》2005 年第 1 期。

[184] 朱郁郁、孙娟:《中国新时期城市空间重组模式探讨》,《云南师范大学学报》2005 年第 2 期。

[185] 朱振国、姚士谋、许刚:《南京城市扩展与其空间增长管理的研究》,《人文地理》2003 年第 5 期。

[186] 诸大建:《管理城市发展:探讨可持续发展的城市管理模式》,同济大学出版社 2004 年版。

后　记

本书的研究与以往相关研究有所不同。第一，关于对旧城改造的研究，以前一般是按照“城市社会经济发展存在问题→这些问题如何通过有效的旧城改造加以解决”这样的思路来进行的，而本书则从“旧城改造对城市社会经济会产生什么样的深刻影响”这样的思路来进行研究。第二，转型期我国城市社会空间分异无疑受到很多因素的影响，本书从旧城改造的角度研究转型期城市社会空间分异，从理论上分析城市旧城改造中不同利益主体的作用，并从实证上进行研究验证，对转型期我国城市旧城改造的发生、运行机制及其对社会空间结构的影响进行深入研究，探索城市社会分层、社会空间分异产生的深层原因。第三，本书从城市管治的视角出发，结合城市社会空间分异理论、社会分层理论，就转型期我国城市旧城改造中不同利益主体对城市社会空间分异的作用展开分析，深入剖析转型期我国城市旧城改造中存在的主要问题及其原因。与以往的研究方法不同，本书对城市社会分层的研究，不是从收入与职业的层面展开，而是从住房状况的角度进行。对城市社会阶层的划分并不仅仅以职业为标准，而是结合不同职业在不同行业的分布情况来划分。此外，本书还运用了国外比较成熟而国内较少采用的研究方法，如因子生态分析法、GIS方法等对城市社会空间结构进行实证研究。第四，从国内以往对城市空间结构的研究对象来看，主要集中在北京、上海、广州、南京、杭州等少数几个城市，没有在国内城市中普遍开展，因此参与城市空间结构研究的实证城市较少，取得的相关理论代表性不够。本书实证研究的对象以我国中部最为重要的中心城市之一——武汉市为例，对我国城市内部空间结构研究的实证对象进行充实，以为转型期我国城市空间结构的一般性理论的完善作出贡献。

目前我国城市社会空间重构与分异问题是人口学、地理学、社会学、规划学、经济学等各个学科研究的热点。由于转型期我国城市的社会空间结构变迁剧烈和复杂,因此,必须从多学科、多角度进行深入剖析。虽然本书对城市社会空间结构重构与分异等相关问题进行了一定探索,但由于知识、时间、财力、精力等多种因素限制,本书在这个领域的研究仍然显得十分粗浅,有许多问题尚待进一步的研究。

其一,由于影响转型期我国城市社会空间分异的因素众多,城市社会空间分异应该是这些众多因素共同作用的结果。本书只是从旧城改造一个方面研究其如何影响城市社会空间分异,而没有同时考虑其他因素对城市社会空间分异的影响;也没有研究与其他因素相比,旧城改造在多大程度上对城市社会空间分异起作用,这是本书最大的不足,然而这也预示着笔者今后进一步的研究方向。

其二,我国城市社会结构变迁、社会空间重构与分异的发展趋势有待探讨。当前,我国大城市的社会结构正在发生巨变与分化,城市社会空间结构呈现出重构与分异,这些结构特征是转型期的主要特点,还是未来的发展趋势?城市社会空间重构与分异的发展趋势到底如何?这些问题需要进行深入的研究。

其三,对不同阶层之间的居住分异的研究有待加强。本书仅以社会管理者、私营业主及个体人员、办事人员、经理人员与企业负责人、专业技术人员、商业服务人员、产业工人、农业生产者、未就业人口九大阶层的分类方式对其居住状况及阶层分化进行剖析,这种分类略显宏观。为了更进一步了解不同阶层的居住分异,有必要对阶层分类细化,并在城市土地利用遥感解译的基础上,将城市不同居住类型与居住阶层相互对应,从而剖析社会分化与空间分化的宏观规律和微观机制。

其四,城市社会空间结构重构与分异的动力机制分析有待深入。在西方,许多学者在对西欧、北美城市社会空间结构实践研究的基础上,提出了许多城市空间分异的理论与城市空间结构模型。但我国这方面的研究尚处在起步阶段,有待于在实践研究基础上,进一步理论总结与升华。本书对此问题虽有所涉及,但有待深入。

本书的出版受中南财经政法大学学术专著出版资助,北京大学出版社的编辑们对书稿的修改完善提出了许多宝贵的意见和建议,在此谨表示衷心的感谢!并真诚地接受各位师长、专家、学者的批评指正。

田艳平

2007 年 8 月于武汉